Fardis Nakhaei

Desenvolvimentos das Rotas de Flotação de Minérios de Ferro

Fardis Nakhaei

Desenvolvimentos das Rotas de Flotação de Minérios de Ferro

ScienciaScripts

Imprint

Any brand names and product names mentioned in this book are subject to trademark, brand or patent protection and are trademarks or registered trademarks of their respective holders. The use of brand names, product names, common names, trade names, product descriptions etc. even without a particular marking in this work is in no way to be construed to mean that such names may be regarded as unrestricted in respect of trademark and brand protection legislation and could thus be used by anyone.

Cover image: www.ingimage.com

This book is a translation from the original published under ISBN 978-3-659-85122-3.

Publisher:
Sciencia Scripts
is a trademark of
Dodo Books Indian Ocean Ltd. and OmniScriptum S.R.L publishing group

120 High Road, East Finchley, London, N2 9ED, United Kingdom
Str. Armeneasca 28/1, office 1, Chisinau MD-2012, Republic of Moldova, Europe
Printed at: see last page
ISBN: 978-620-3-59527-7

Índice

Gostaria de dedicar este manuscrito à minha querida família

Resumo

A produção e a exportação de minério de ferro desempenham um papel importante no desenvolvimento económico das instalações industriais. Neste contexto, as indústrias de minério de ferro estão atualmente concentradas na recuperação de valores de ferro a partir de minérios de baixo teor. A flotação de espuma é bem conhecida como o processo mais comum na separação de minerais para recuperar os minerais valiosos da ganga. Devido às semelhanças na físico-química e na química de superfície dos minerais constituintes, a separação dos minerais de óxido de ferro das suas gangues (o quartzo como principal mineral de ganga) por flotação é um processo extremamente complicado. No passado, foram propostos métodos de flotação direta, mas o método de flotação inversa é largamente utilizado atualmente, no qual a ganga de quartzo é flutuada enquanto os óxidos/hidróxidos de ferro são deprimidos com a ajuda de amidos. Este livro apresenta uma revisão crítica dos vários métodos de flotação (flotação catiónica e aniónica direta e inversa) de minerais de óxido de ferro que foram propostos na literatura, com o objetivo de identificar os factores importantes envolvidos no processo de flotação e oferece perspectivas para investigação futura. Os colectores, depressores, reagentes auxiliares e respectivas misturas, novos e comuns, são tabelados. As vantagens e desvantagens do tipo e estrutura do reagente na flotação são criticadas. O papel predominante do pH, bem como o tipo e as estruturas moleculares dos colectores e depressores na flotação são discutidos criticamente. A gama e os valores óptimos destes parâmetros, bem como os mecanismos das suas interações com os minerais, juntamente com a flotação resultante dos minerais de óxido de ferro relatados na literatura, são resumidos e destacados.

Palavras-chave: Minérios de ferro, Flotação, Aniónico, Catiónico, Coletor, Depressor, Interação.

Capítulo 1

Flotação por espuma de minério de ferro

1.1. Introdução

O ferro goza de uma enorme importância devido à sua vasta aplicação na indústria. A beneficiação de minérios de ferro oxidados tem tido grande importância nos últimos anos. A escolha do tratamento de beneficiação depende da natureza da ganga presente e da sua associação com a estrutura do minério. Várias técnicas, como lavagem, jigagem, separação magnética, separação por gravidade e flotação, etc., são utilizadas para aumentar o teor de Fe do minério de ferro e reduzir o seu teor de ganga (Zeng e Dahe, 2003; David et al., 2011; Svoboda, 1987, 2001). Estas técnicas são utilizadas em várias combinações para efeitos de beneficiação de minérios de ferro. Para a beneficiação de um determinado minério de ferro, a tónica é geralmente colocada no desenvolvimento de um fluxograma rentável que incorpore as técnicas de trituração, moagem, crivagem e beneficiação necessárias, essenciais para a valorização do minério de ferro.

As vias de separação magnética e por gravidade são os métodos mais comuns de extração de ferro de depósitos de óxido de ferro de alta qualidade. Com o esgotamento das reservas mundiais de minério de ferro de alta qualidade, têm sido utilizados vários métodos de beneficiação para processar minério de ferro de qualidade intermédia e baixa, numa tentativa de satisfazer a procura em rápido crescimento. A tendência atual na indústria siderúrgica é a favor do aumento da redução direta, associada à produção em fornos eléctricos, que necessita de minério de ferro com menos de 2% de SiO_2. Na prática, o concentrado de minério de ferro obtido por separação magnética e por gravidade consiste frequentemente em poucos por cento de impurezas, mesmo após repetidas separações, devido à presença de minerais de ganga bloqueados.

Para melhorar ainda mais o concentrado, a flotação de espuma foi estabelecida como um método eficiente para eliminar as impurezas do minério de ferro em meio século de prática em todo o mundo. Desde a introdução comercial da flotação em 1905 e a sua patente em 1906 (Napier-Munn e Wills, 2006; Gupta e Yan, 2006), tem-se verificado um enorme progresso em termos de processo, reagentes e equipamentos utilizados, atingindo o objetivo básico de separar os minerais valiosos das partículas de ganga, explorando as diferenças nas suas propriedades físico-químicas.

A investigação sobre a flotação do minério de ferro, quer à escala de bancada quer à escala de uma instalação piloto, começou por volta de 1931 (Crabtree e Vincent, 1962). A investigação limitou-se sobretudo aos minérios que contêm ganga siliciosa, que parece ser o tipo mais abundante no mundo.

A Hanna Mining, em associação com a Cyanamid, desenvolveu as duas vias de flotação aniónica, mais tarde utilizadas industrialmente durante a década de 1950 no Michigan e no Minnesota (Fuerstenau et al., 2007). A primeira integração da flotação numa fábrica de minério de ferro data de 1950, depois de a via de flotação direta ter sido desenvolvida através da utilização de colectores aniónicos (Humboldt Mine). Simultaneamente, a sucursal do USBM no Minnesota desenvolveu a rota de flotação catiónica inversa que acabou por se tornar a abordagem mais prática para a flotação de minério de ferro nos EUA e noutros países ocidentais (Araujo et al., 2005)

Na indústria de minério de ferro, a flotação de espuma é usada como um método inicial para concentrar minérios de ferro, como nas operações da Cleveland-Cliffs em Michigan, Estados Unidos, ou em combinação com a separação magnética, que se tornou uma prática popular em Minnesota (Estados Unidos) e na Samarco Mineracaco (Brasil) (Ma, 2012). A seleção de um método de flotação adequado depende muito das gangues que acompanham o mineral principal do minério de ferro. A flotação de minérios de ferro pode ser feita de duas formas, "direta" ou "inversa". No primeiro caso, o óxido de ferro é flotado. Os reagentes aniónicos, como os sulfonatos de petróleo ou os ácidos gordos, são muito utilizados. Estruturalmente, estes reagentes têm "cabeças" iónicas carregadas negativamente que estão ligadas a "caudas" orgânicas de cadeia longa.

Na flotação inversa, a ganga é flotada utilizando reagentes adequados, enquanto os valores permanecem na suspensão e são recolhidos como produto/concentrado. Este método é completamente oposto à flotação direta ou convencional e, por isso, é designado por flotação inversa. É amplamente utilizado no processamento de minérios de ferro, minérios de bauxite diaspórica, rochas fosfáticas, minerais de caulino, etc. A fim de obter concentrados ferrosos purificados, no processamento de minério de ferro, a flotação inversa de sílica e silicatos foi testada com sucesso por reagentes catiónicos e aniónicos (Houot, 1983; Ma et al., 2011; Pradip et al., 1993; Wang e Ren, 2005).

Os princípios e a prática industrial da flotação de minério de ferro têm sido revistos de tempos a tempos (Houot 1983; Iwasaki 1983, 1989, 1999; Nummela e Iwasaki 1986; Uwadiale 1992).

A maior parte da investigação tem sido efectuada sobre as técnicas existentes na operação de flotação do ferro, com especial ênfase na sílica, mas outras impurezas necessitam de mais investigação. Até à data, a investigação sobre o tema da flotação do ferro é dedicada à investigação de reagentes de flotação. Pouca investigação fundamental tem sido efectuada sobre a flotação de minério de ferro. Como tal, os mecanismos que determinam as interações entre os reagentes minerais em muitos aspectos dos sistemas de flotação existentes não são bem compreendidos. Isto mostra que há pouca margem para melhorias e que é necessário mais trabalho para melhorar o processo.

1.2. Reagentes para a flotação de minérios de ferro

O tipo e as taxas de adição de reagentes necessários para melhorar os minérios de ferro por flotação variam consoante o tipo de minério e a via de beneficiação selecionada. Segue-se uma panorâmica dos reagentes de flotação atualmente e/ou historicamente utilizados em operações industriais, bem como os que foram documentados na literatura.

Uma vez que os colectores são os reagentes mais importantes em qualquer sistema de flotação, vale a pena enumerar algumas das suas caraterísticas e outras caraterísticas desejáveis. As principais classes de colectores são:

1)   *Aniónicos.* Os colectores aniónicos são o grupo mais utilizado na flotação. Estes colectores são ácidos fracos ou sais de ácidos que são ionizados em água, produzindo um coletor que foi carregado negativamente. O grupo carregado negativamente é então atraído para superfícies minerais carregadas positivamente. Estes colectores são ainda subdivididos, com base na estrutura do grupo solidófilo, em colectores oxidrilo, quando o grupo solidófilo se baseia em iões orgânicos e sulfo-ácidos, e em colectores sulfidrilo, quando o grupo solidófilo inclui enxofre bivalente. Os colectores oxidrilo são principalmente utilizados para a flotação de minerais oxídicos, materiais carbonatados, óxidos e minerais que contenham o grupo sulfo. Os ácidos gordos, os ácidos resínicos, os sabões e os sulfatos ou sulfonatos de alquilo são os colectores mais utilizados para os minerais ferrosos (Bulatovic, 2007). Os ácidos nafténicos e os seus sabões também se enquadram nesta categoria, mas não têm sido amplamente utilizados devido à disponibilidade limitada. A maior parte do trabalho de investigação de base sobre os colectores de oxidrilo foi dedicada aos oleatos de sódio e aos ácidos oleicos (Kulkarni e Somasundaran, 1975; Fuerstenau e Palmer, 1976; Kulkarni e Somasundaran, 1980; Fuerstenau e Pradip, 1984).

2)   *Catiónicos.* Os colectores catiónicos são utilizados principalmente na flotação de silicatos e de certos óxidos de metais raros, bem como na separação do cloreto de potássio (silvite) do cloreto de sódio (halite) (Darling, 2011).

Estes colectores utilizam um grupo amina com carga positiva para se ligarem às superfícies minerais. Uma vez que o grupo amina tem uma carga positiva, pode ligar-se a superfícies minerais com carga negativa. O elemento comum partilhado por todos os colectores catiónicos é um grupo de azoto com electrões não emparelhados. A ligação covalente ao azoto é geralmente um átomo de hidrogénio e um grupo hidrocarboneto. Uma alteração no número de radicais hidrocarbonetos ligados ao azoto determina as propriedades de flotação das aminas em geral (Bulatovic, 2007). Este grupo inclui as aminas alifáticas primárias, diaminas, sais de amónio quaternário e os mais recentes produtos de beta-amina e éter amina. Recentemente, foi realizada a síntese de novos colectores contendo uma cadeia de hidrocarbonetos de estrutura alifática mista, com um grupo amino (Liu Wen-gang et al., 2009;

2011). A amina é parcialmente substituída por algum tipo de fuelóleo em alguns concentradores. A emulsificação do fuelóleo tem um papel relevante no processo. O preço do fuelóleo é inferior ao da amina e não foi examinado qualquer impacto ambiental significativo. A amina desempenha também o papel de espumante na flotação do minério de ferro. Como o custo dos espumantes é menor do que o das aminas, a possibilidade de substituir parcialmente as aminas por espumantes comuns foi investigada, mas o assunto ainda requer mais estudos (Araujo et al., 2005).

Capítulo 2

Flotação aniónica

2.1. Colectores aniónicos

2.1.1. Carboxilatos

Os colectores de ácidos gordos são amplamente utilizados para a flotação de fosfatos, espodumena e minerais de terras raras (Bulatovic, 2007). Os ácidos gordos são classificados como colectores aniónicos, oxi-hidrílicos com um grupo carboxilo. A fórmula geral de um ácido gordo insaturado é C_nH_{2n-1}. A fórmula geral sub-estrutural é (Fig. 2.1).

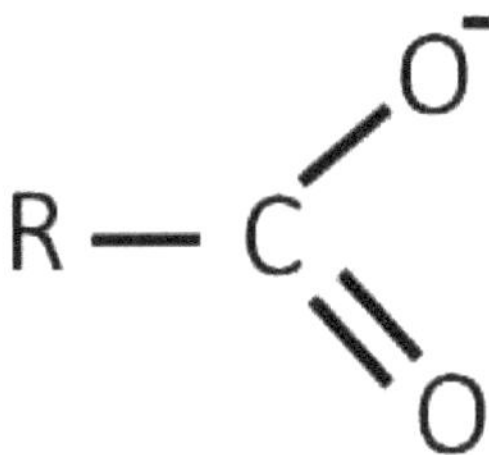

Fig. 2.1. Fórmula geral subestrutural dos ácidos gordos

Onde "R" é uma longa cauda alifática. Esta cauda hidrocarbónica é o grupo não polar da molécula do coletor heteropolar, que torna a superfície mineral hidrofóbica quando o grupo polar (grupo carboxilo) é adsorvido na superfície mineral.

Os membros típicos deste grupo são o ácido oleico, o oleato de sódio, os ácidos gordos sintéticos, os tall oils e alguns derivados oxidados do petróleo. Geralmente, os colectores de ácidos gordos requerem a ajuda de dispersantes como o silicato de sódio e o condicionamento a alta densidade (pelo menos 50% de sólidos) pode aumentar a eficácia deste coletor. A solubilidade e a adsorção dos ácidos gordos nas superfícies minerais dependem da temperatura e o acondicionamento deve ser efectuado a temperaturas superiores a 20 °C, embora a sensibilidade da adsorção do coletor à temperatura da pasta seja variável e deva ser medida caso a caso.

Os diferentes ácidos gordos utilizados como colectores são principalmente uma mistura de ácidos oleico, linoleico, linoleico conjugado, palmítico e esteárico. Na indústria mineral, estes ácidos gordos são conhecidos como tall oils. Tem sido tipicamente observado que a força, a estrutura da espuma e a seletividade do tall oil são ditadas pelo teor de ácido de colofónia (Bulatovic, 2007).

A adsorção de colectores aniónicos na hematite desempenha um papel fundamental na via de flotação direta. A quimisorção dos colectores oleato (Peck et al., 1966) e hidroxamato (Fuerstenau et al., 1970; Han et al., 1973; Raghavan e Fuerstenau, 1975) na hematite foi detectada por estudos espectroscópicos de infravermelhos.

2.1.2. Hidroxamatos

Os hidroxamatos são reagentes quelantes que são um derivado N-alquílico do hidroxilo. Os reagentes quelantes são normalmente utilizados como colectores na flotação de óxidos minerais devido à sua especificidade para a complexação de metais, tendo-se verificado que melhoram a seletividade em comparação com outros colectores tradicionais. Em solução, actuam também como um ácido gordo. A estrutura típica de um hidroxamato é apresentada a seguir (Fig. 2.2):

Fig 2.2. Estrutura típica de um hidroxamato

Estes colectores são muito selectivos em relação aos carbonatos, mas são sensíveis aos finos e a deslamagem prolongada deve vir antes do condicionamento. Fuerstenau et al. (1970) explicaram as respostas de flotação que podem ser obtidas a partir de minérios de ferro naturais quando o hidroxamato é aplicado como coletor, em comparação com as obtidas quando se utiliza ácido gordo.

Os valores óptimos de pH para a flotação com oleato e hidroxamale foram pH 8 e 9, respetivamente. Dado que a ZPC do óxido de ferro natural é de pH 6,7, pode concluir-se que ambos os colectores estão a adsorver quimicamente nestas condições. Os resultados de infravermelhos da adsorção de oleato na hematite e os do sistema hidroxamato-hematite confirmam este pressuposto.

Essencialmente, não houve diferença entre os resultados obtidos com o hidroxamato ou com o ácido gordo, embora, no caso do ácido gordo, tenham sido necessárias maiores adições de coletor e um condicionamento de elevada densidade da pasta. A etapa de condicionamento de altos sólidos pode refletir a diferença nos produtos de solubilidade do hidroxamato férrico e do oleato férrico. Por outro lado, com um minério que tinha de ser moído até um tamanho muito fino, foram obtidos um bom grau de produto e uma boa recuperação com adições relativamente pequenas de hidroxamato, enquanto quase nenhum enriquecimento foi obtido com ácido gordo.

2.1.3. Sulfonatos

Na prática, os sulfonatos são produzidos através do tratamento de fracções petrolíferas com ácido sulfúrico e da remoção da lama ácida formada durante a reação, seguida da extração do sulfonato e da purificação (Bulatovic, 2007). A flotação da hematite de um minério de areia de sílica local foi examinada utilizando colectores de sulfonatos (Aero-800) por Mowla et al. (2008). Na literatura disponível sobre patentes, foram descritos vários métodos de preparação relevantes para a flotação com sulfonatos (Iwasaki 1983; Norman, 1986).

De acordo com vários estudos (Abdel-Khalek et al., 1994; Gaieda e Gallalab 2015), a fim de remover óxidos de ferro, os promotores de sulfonato de petróleo foram amplamente utilizados na flotação de areia de vidro de sílica e feldspato.

2.2. Rota de flotação aniónica direta

Foi demonstrado que, ao utilizar oleato como coletor, a flotação da hematite é altamente sensível ao pH e que as melhores recuperações de flotação são alcançadas na gama de pH de 68. Além disso, foi referido que o aumento da temperatura de condicionamento melhora significativamente a resposta da flotação da hematite. Um aumento da força iónica da solução pode também aumentar significativamente a flotação da hematite utilizando oleato.

A importância da química da solução de oleato no processo de flotação resulta do facto de o ácido oleico em solução aquosa sofrer hidrólise e formar espécies complexas que exibem caraterísticas activas de superfície e solubilidade marcadamente diferente (Somsook, 1969).

Verifica-se que existe uma elevada atividade superficial na gama de pH neutro. Uma alteração do pH ou de outras variáveis, como a temperatura, altera não só o estado químico do oleato, mas também a quantidade que é dissolvida na água, bem como a sua atividade superficial efectiva em várias interfaces.

Nos anos anteriores, uma investigação considerável foi direcionada para os sistemas de flotação ácido oleico-óxido de ferro devido aos resultados distintos observados por vários trabalhadores induzidos pela química complexa da solução de ácido oleico. Os estudos não mostraram qualquer correlação entre a adsorção de oleato e as respostas de flotação. A flotação máxima da hematite ocorre na região de pH neutro, enquanto a adsorção de oleato na hematite aumenta com a diminuição do pH (Pope e Sutton 1973; Kulkarni e Somasundaran 1975). Também não existe um acordo absoluto entre os trabalhadores sobre o mecanismo de adsorção de oleato na hematite. Yap et al. (1981) e Morgan (1986) explicaram as razões das discrepâncias que estão na base das técnicas experimentais utilizadas nas experiências de adsorção.

O estudo da química da flotação do sistema hematite/oleato é formulado com base nas considerações anteriores e é direcionado para a compreensão dos fundamentos. Sob uma vasta gama de condições experimentais de pH, força iónica, temperatura e concentração de oleato, Kulkarni e Somasundaran (1980) investigaram a flotação da hematite através da utilização de oleato. Para todas as experiências de flotação, foi utilizada uma célula de Hallimond modificada com controlo automático do tempo de flotação e da intensidade e tempo de agitação. A Fig. 2.3 mostra o efeito do pH na flotação da hematite natural na célula de Hallimond. A flotação máxima é obtida em torno da faixa de pH neutro, o que está de acordo com os resultados relatados na literatura (Peck et al., 1966). De um ponto de vista mecanicista, este resultado é muito significativo, uma vez que lança dúvidas sobre o conceito de que a resposta máxima de flotação em torno da gama de pH neutro se deve à existência de ZPC de hematite nessa gama de pH.

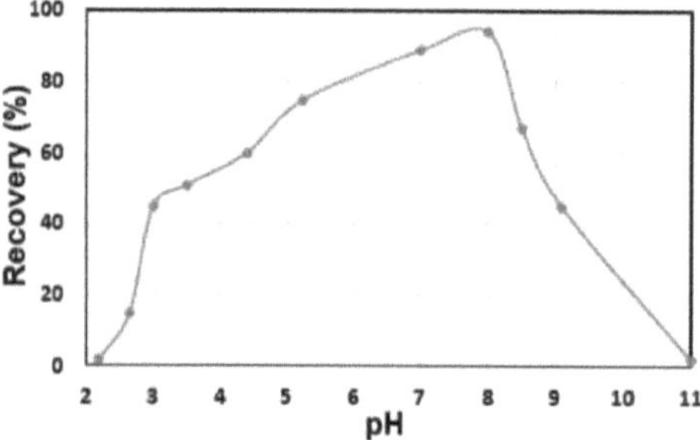

Fig. 2.3. Flotação de hematite utilizando oleato 3 * 10-1 M a 100°C.

A resposta de flotação da hematite em duas condições experimentais diferentes é ilustrada na Fig.5 em função do pH. Num caso, o condicionamento é efectuado ao pH da flotação (Condição A), enquanto no outro caso, o condicionamento é feito a pH 7,6 (Condição B). Neste último caso, o pH da solução é rapidamente alterado para um valor pré-definido e, após o condicionamento, a flotação é efectuada em 30 s. Com base nesta figura, a resposta da flotação é significativamente diferente nas duas condições. A queda acentuada da flotação acima do pH 9 na condição B pode ser atribuída à repulsão crescente entre a bolha de gás de carga negativa e a partícula de hematite de carga semelhante. Por outro lado, a diminuição da flotação na gama de pH ácido é o resultado da redução da adsorção de oleato na interface líquido/ar, como indicado pela menor pressão superficial das soluções de oleato nestas condições.

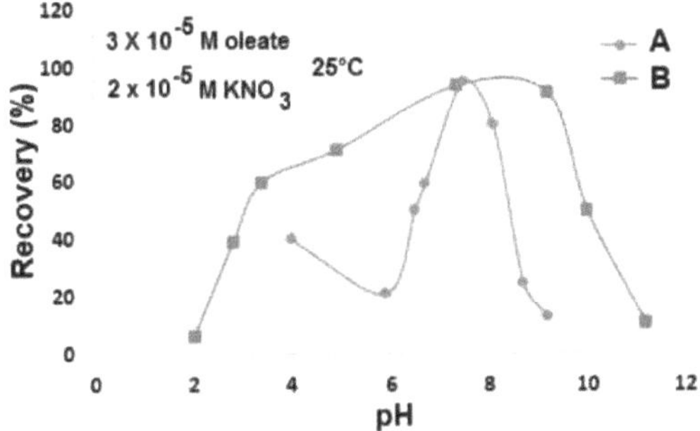

Fig. 2.4. Efeito do ajuste do pH após condicionamento na flotação da hematite a 26°C e 2 * 10⁻⁵ M KNO3, utilizando 3 * 10⁻⁵ M oleato.

Verificou-se que o processo de adsorção de oleato na hematite é fortemente dependente do tempo, sendo o tempo de equilíbrio uma função do pH da solução, da força iónica, da concentração de oleato e da temperatura. A Fig. 2.5 mostra resultados típicos para a cinética de adsorção de oleato na hematite natural a 75°C em condições de pH variáveis.

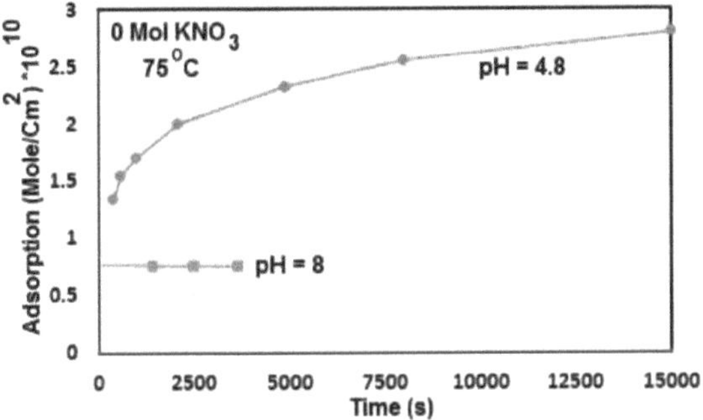

Fig. 2.5. Efeito do pH na cinética de adsorção de oleato na hematite com 1,5 * 10⁻¹ M de oleato de potássio a 75°C.

A forte dependência do pH do tempo de equilíbrio e a adsorção total são óbvias nesta figura. Por exemplo, enquanto são necessários menos de 100 s para o equilíbrio a pH 8, são necessários mais de 15.000 s a pH 4,8. A adsorção de equilíbrio é representada como uma função do pH na Fig. 2.6. A adsorção total de oleato aumenta com a diminuição do pH.

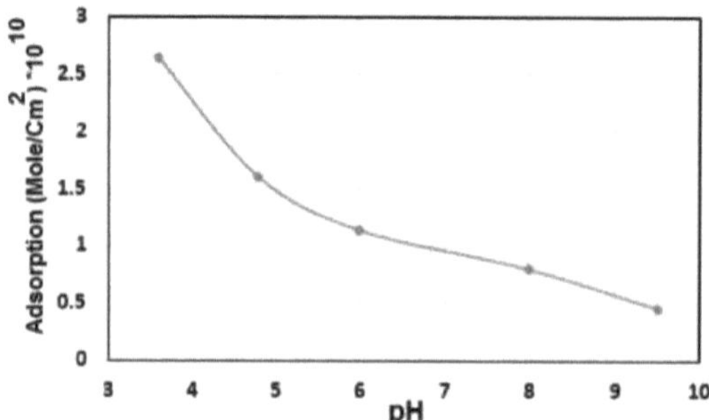

Fig. 2.6. Efeito do pH na adsorção de oleato com oleato de potássio 1,5*10-5 M a 75°C.

A concentração de equilíbrio de oleato depende, de facto, do grau de perda de oleato devido à adsorção. É de salientar que, em condições de pH baixo, o oleato existirá em solução como uma dispersão. Nestas condições, o desaparecimento do oleato da solução pode dever-se à separação de fases e/ou à heterocoagulação com partículas de hematite. Foram realizadas várias experiências de controlo para esclarecer se ocorreu uma separação de fases significativa. Nestas experiências, foi utilizado o procedimento normal de ensaio, exceto que não foi adicionada hematite. Nesse caso, a diminuição da concentração de oleato pode estar relacionada com a separação de fases.

Estas experiências não revelaram qualquer perda significativa de oleato da solução, mesmo após oito horas de agitação. Em alternativa, foi realizado outro conjunto de experiências com amostras de hematite de 0,5 e 0,25 g em soluções de oleato de 100 ml.

Verificou-se que a redução da quantidade de hematite de 0,5 para 0,25 g reduziu a taxa de perda de oleato da solução para metade, sem alterar a cinética de adsorção de oleato. Estas experiências confirmam claramente que a perda de oleato da solução se deve à sua transferência para a superfície da hematite. A Fig. 2.7 mostra o efeito da concentração de oleato na densidade de adsorção de equilíbrio a pH 8,0 e em diferentes condições experimentais de força iónica e temperatura. O efeito das variáveis força iónica, concentração de oleato e temperatura, com exceção do pH, é semelhante ao observado na flotação da hematite. O aumento da força iónica aumenta a densidade de adsorção do oleato. Também se observou que, em condições de força iónica baixa, o aumento da temperatura de condicionamento melhora muito a resposta da flotação, ao passo que o oposto se verifica em condições de força iónica alta.

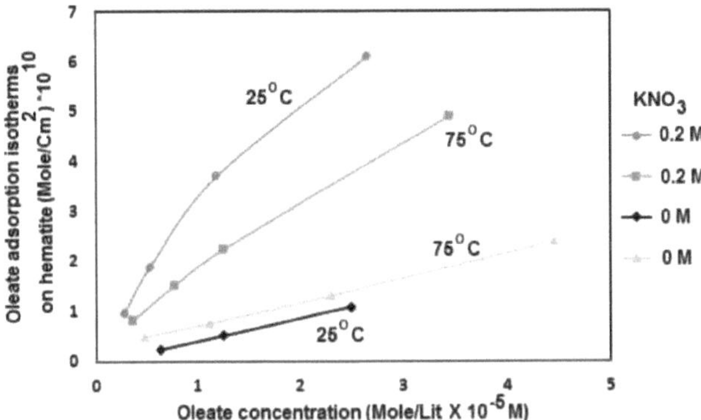

Fig. 2.7. Efeito da força iónica e da temperatura nas isotérmicas de adsorção do oleato na hematite a pH 8,0.

O efeito do pH, da temperatura e da força iónica na correlação recuperação - adsorção a 0,2M KNO3 é apresentado na Fig. 2.8. Observa-se que o aumento da temperatura de condicionamento também produz uma mudança significativa no grau de correlação. Assim, para obter uma determinada recuperação de flotação, é necessária uma densidade de adsorção muito mais baixa em condições de temperatura elevada.

Todas as curvas traçadas nesta figura têm a forma de um S alongado, com um aumento linear das recuperações no intervalo 10-90% com o aumento das densidades de adsorção. Em condições de força iónica elevada, o aumento da temperatura diminui a adsorção de oleato em todas as condições de pH. Mas em condições de força iónica mais baixa, o aumento da temperatura aumenta a adsorção de oleato a pH 8,0, mas diminui a pH 4,8.

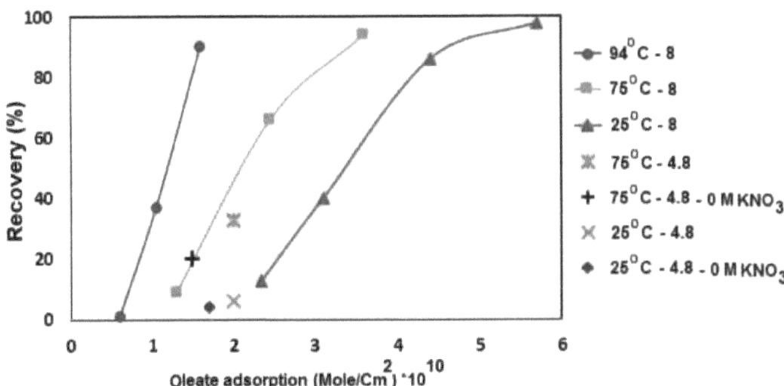

Fig. 2.8. Correlação flotação-adsorção. Efeito do pH, da temperatura e da força iónica

2.2.1. Adsorção de oleato em relação à flotação de hematita

A resposta de flotação de um sistema está tipicamente correlacionada com as suas caraterísticas de adsorção, sendo o aumento da flotação atribuído ao aumento da densidade de adsorção do coletor no mineral.

A Fig. 2.9 mostra a variação na recuperação da flotação, bem como as caraterísticas de adsorção deste sistema de flotação em função do pH. Vê-se claramente que as caraterísticas de flotação não seguem o comportamento de adsorção deste sistema. A densidade de adsorção aumenta continuamente com a redução do pH, enquanto a flotação diminui abaixo de pH 7,5

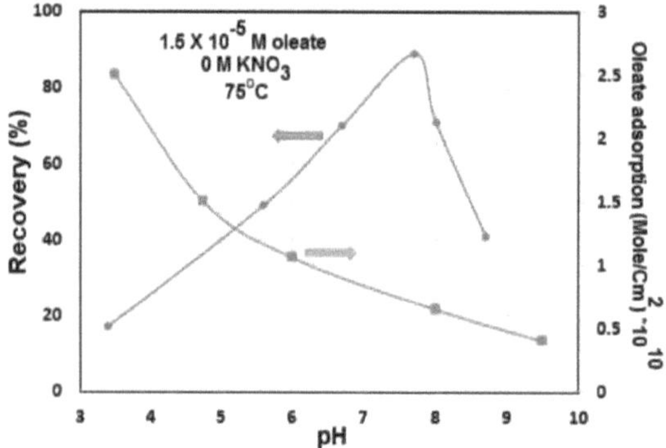

Fig. 2.9. Dependência do pH da flotação e adsorção no sistema hematite-oleato com 1,5 * 10⁻⁵ M oleato de potássio a 75°C.

A Figura 2.9 mostra a típica falta de correlação entre a adsorção de oleato na hematite e a flutuabilidade da hematite pelo oleato (Morgan 1986). A capacidade de flutuação da hematite apresenta um máximo acentuado na região de pH neutro, enquanto a densidade de adsorção diminui continuamente com o aumento do pH. Foram sugeridos vários mecanismos para explicar a diferença entre adsorção e hidrofobicidade. Uma experimentação cuidadosa, isenta de artefactos de depleção de oleato (adsorção obscurecida pela precipitação) e a subtração da quantidade de ácido oleico precipitado, conforme avaliado pelo equilíbrio químico, revelaram que a curva de adsorção apresenta um máximo na região de pH neutro que se correlaciona com a curva de flotação. A flotação máxima da hematite com oleato na região de pH neutro é vista como uma caraterística geral, e vários outros minerais de óxido com caraterísticas químicas e electroquímicas de superfície significativamente diferentes mostram também uma flotação máxima na gama de pH de 7-8 (Somasundaran e Ananthapadmanabhan, 1979). Este facto é atribuído à formação de complexos ácido-sabão nesta região de pH e à sua elevada atividade superficial (Kulkarni e Somasundaran, 1975; Ananthapadmanabhan e Somasundaran, 1988). De acordo com Jung et al. (1988), as espécies do complexo ácido-sabão têm uma concentração notável na interface goetite-água. O complexo ácido-sabão ocorre a uma força iónica elevada, mas a quantidade é insignificante a baixas concentrações de oleato e a uma força iónica baixa (Yap et al., 1981). O mecanismo da sua interação depende da química da solução e da forma das diferentes espécies presentes na solução. A flutuação máxima dos óxidos de ferro ocorre a um pH correspondente ao pKa destes tensioactivos, onde a distribuição das espécies ionizadas e moleculares é igual. No caso do oleato, a flutuação máxima na região de pH neutro, que é também o seu valor de pKa, explica-se pela formação do complexo ácido-sabão e pela sua elevada atividade superficial. Em valores de pH ácidos, onde ocorre a precipitação de moléculas neutras de ácido oleico, as partículas são revestidas com precipitados de ácido oleico. A flotação da hematite com colectores de hidroxamato também é máxima numa região de pH correspondente aos seus valores de pKa (Fuerstenau e Cummins, 1967; Fuerstenau et al., 1970; Raghavan e Fuerstenau 1975).

Os estudos de potencial zeta da hematite na presença de ácidos gordos a valores de pH ácidos (inferiores ao ZPC da hematite) mostraram que as partículas estão cobertas com a forma molecular de precipitados colectores que correspondem ao domínio de precipitação dos ácidos gordos (Laskowski et al., 1988). Os dados do IEP para vários sistemas óxido mineral-oleato são notavelmente estáveis a pH 3,2 (Jung et al., 1987), que é o mesmo que o IEP dos precipitados moleculares de ácido oleico. Quando os estudos de adsorção são realizados em concentrações isentas de ácido oleico insolúvel ou de oleatos metálicos, os resultados demonstram um controlo coulombiano na adsorção, interações hidrofóbicas (formação de hemimicelas) e coadsorção de ácido oleico neutro solúvel e ião oleato (Jung et al., 1987). A flotação máxima de óxidos de ferro na região de pH correspondente ao pKa do ácido oleico e ao pKa dos ácidos hidroxâmicos pode sugerir que a camada adsorvida é constituída por espécies neutras e iónicas, em que a molécula neutra que se encaixa entre os dois iões carregados filtra a repulsão entre si na interface. Sendo um sistema de surfactante único, mas existindo na forma neutra e iónica com o mesmo comprimento de cadeia alquílica, a camada adsorvida pode estar muito compactada, aumentando assim o carácter hidrofóbico da superfície e a flutuação. A adsorção de oleato sobre a hematite a valores de pH e numa gama de concentrações que impedem a formação de ácido oleico líquido e de complexos ácido-sabão mostrou quimisorção e adsorção física a coberturas mais elevadas (Yap et al., 1981). A quimissorção de colectores de oleato (Peck et al., 1966) e hidroxamato (Fuerstenau et al., 1970; Raghavan e Fuerstenau, 1975) na hematite foi observada por estudos espectroscópicos de infravermelhos.

No trabalho de Pope e Peck (Peck e Raby, 1966; Pope e Sutton, 1973), a adsorção física, isto é, por interação eletrostática, ligação de hidrogénio, etc., foi contrastada com a quimisorção, na qual se forma uma nova espécie. O aumento da adsorção de ácido oleico com a diminuição do pH foi atribuído ao aumento da adsorção física em condições ácidas e os autores sugeriram que o coletor adsorvido fisicamente não confere hidrofobicidade ao mineral, o que só acontece com o oleato adsorvido quimicamente. De acordo com esta hipótese, o oleato foi quimicamente adsorvido nos sítios hidroxilo neutros da superfície, que se propõe estarem presentes em quantidades máximas no ponto de carga zero da hematite, pH = 8. No entanto, não é claro que o tensioativo fisicamente adsorvido não produza uma superfície mineral hidrofóbica. O mecanismo de quimisorção também não pode explicar os fenómenos observados. Com base nos dados disponíveis para as diferentes espécies férricas em equilíbrio com a hematite, não é de esperar que a concentração neutra de hidroxilos na superfície apresente uma dependência significativa do pH em toda a gama de pH de 3 a 12. Além disso, não explica a dependência observada entre o pH de flotação máxima e a concentração total de oleato (Somasundaran e Ananthapadmanabhan, 1979).

Num outro trabalho de Kulkarni (1975), sugeriu-se que a cinética de adsorção interfacial sensível ao pH das espécies activas de superfície variável pode desempenhar um papel decisivo, embora o autor tenha afirmado que não pode ser feita uma correlação direta entre a densidade de adsorção e a recuperação da flotação. Assim, com uma densidade de adsorção de oleato constante, é possível obter recuperações de flotação variáveis em função do tipo de espécies de oleato adsorvidas e das propriedades dinâmicas de adsorção dos tensioactivos no sistema. Como o demonstram os resultados obtidos para a tensão superficial dinâmica, a flutuação máxima corresponde a uma cinética interfacial mais rápida. A diminuição da flutuabilidade na gama de pH básico foi atribuída a uma menor adsorção de oleato na interface sólido-líquido e a uma menor atividade interfacial do oleato, enquanto a diminuição na gama ácida foi atribuída à adsorção de um ácido oleico menos ativo à superfície em vez de um complexo ácido-sabão e a uma cinética interfacial mais lenta. No entanto, se a cinética de adsorção das várias espécies fosse o único fator, a adsorção fora do equilíbrio, que foi medida após o mesmo tempo de condicionamento que o da experiência de flotação, deveria então correlacionar-se com a recuperação.

Numa publicação posterior, Ananthapadmanabhan e Somasundaran (1980) apresentaram um gráfico linear entre o pH de flotação máxima da hematite e o pH de tensão superficial mínima em função da concentração de oleato. Estes dados encontram-se numa única linha e foram utilizados para ilustrar o facto de ambos coincidirem com o máximo da concentração de ácido oleico-sabão. As alterações na tensão superficial de soluções aquosas de oleato com o pH foram revisitadas em algumas publicações (De Castro e Borrego, 1995; Theander e Pugh, 2001).

Beunen et al. (1978) demonstraram matematicamente que o mínimo de tensão superficial podia ser explicado considerando o ácido não dissociado como representando um reservatório de moléculas de tensioativo que se dissolviam com o aumento do pH. Este aumento da concentração do tensioativo provoca um aumento da adsorção na interface e uma consequente diminuição da tensão superficial. A concentração da solução tornou-se constante, à medida que o pH passava por um determinado valor, o chamado limite de solubilidade. Um aumento suplementar do pH provoca uma repulsão eletrostática crescente do tensioativo negativo da interface, o que provoca um aumento da tensão superficial, conduzindo a um mínimo de tensão superficial no limite de solubilidade.

De acordo com os resultados acima referidos, as principais caraterísticas deste sistema de flotação podem ser enunciadas da seguinte forma:

1. A resposta de flotação da hematite e as caraterísticas de adsorção de oleato são muito sensíveis ao pH, particularmente na gama de pH neutro; no entanto, enquanto a flutuabilidade máxima da hematite é observada em torno de pH 7 a 8, não se observa tal máximo para a densidade de adsorção de oleato nesta gama de pH. De facto, verifica-se que a densidade de adsorção de oleato diminui continuamente com o aumento do pH.

2. O aumento da temperatura em condições de baixa força iónica aumenta a adsorção de oleato na hematite e leva à melhoria da resposta de flotação da hematite. A melhoria da resposta à flotação é, no entanto, muito mais significativa na gama de pH ácido. Em condições semelhantes, embora a propriedade de tensão superficial dinâmica do oleato melhore, a sua atividade superficial diminui em condições de pH ácido e aumenta apenas marginalmente em condições de pH básico.

3. O aumento da força iónica a temperaturas mais baixas melhora as caraterísticas de adsorção do oleato, a sua atividade superficial na interface líquido/ar, bem como as caraterísticas de flotação da hematite, influenciando apenas marginalmente a propriedade de tensão superficial dinâmica das soluções de oleato.

4. Tal como outros sistemas de flotação de oleato, o sistema hematite/oleato também necessita de um tempo de condicionamento prolongado, especialmente em níveis de pH inferiores a 8, em que a adsorção de oleato na interface líquido/ar, bem como na superfície da hematite, é bastante lenta.

5. Em condições de pH elevado, ou seja, acima de pH 10, considera-se que a baixa recuperação da flotação se deve à diminuição da adsorção de oleato, bem como à interação desfavorável entre as partículas e as bolhas.

Os resultados acima referidos mostram claramente a natureza complexa deste sistema de flotação. Tal como referido anteriormente, foram desenvolvidas várias teorias no passado para explicar algumas das caraterísticas especiais deste sistema de flotação. No entanto, nenhuma delas é considerada satisfatória para explicar todas as propriedades acima referidas. O fracasso destes modelos deve-se a duas razões:

(a) Não tiveram em conta as alterações do estado químico do oleato na solução em diferentes condições experimentais.

(b) O papel de outras interfaces, nomeadamente a interface solução/gás, foi ignorado. É essencial considerar primeiro os equilíbrios químicos do oleato em solução, a fim de avaliar corretamente o papel destes dois factores na flotação.

2.3. Flotação aniónica inversa

A flotação aniónica direta de óxidos de ferro parece ser uma via atraente para a concentração de minérios de baixo teor ou de material atualmente armazenado em bacias de rejeitos. Os ácidos gordos podem ser utilizados como colectores, mas a depressão dos minerais de ganga é um desafio que ainda tem de ser ultrapassado. A flotação aniónica inversa do quartzo ativado foi uma via utilizada nos primeiros tempos da flotação do quartzo, quando as aminas não estavam disponíveis para os processadores de minerais.

Os silicatos são também flutuados através da utilização de colectores aniónicos com ativação de iões metálicos. O extenso trabalho de Fuerstenau e colaboradores (Fuerstenau et al., 1963; 1966; 1970;

1967; Palmer et al., 1975) explicam que a espécie activadora é o primeiro complexo hidroxilo e que a flotação ocorre apenas na região de pH que corresponde à formação de espécies hidroxilo primárias. As respostas de flotação do quartzo estão correlacionadas com a concentração do coletor aniónico no bordo de precipitação do sabão metálico, o que implica que o complexo hidroxilo interage com o oleato ou o sulfonato para formar a espécie coletora.

A flotação aniónica inversa rejeita o quartzo, activando-o primeiro com a utilização de cal e, em seguida, fazendo-o flutuar utilizando ácidos gordos como colectores. As vantagens da flotação aniónica inversa, em comparação com a flotação catiónica inversa, incluem a sua sensibilidade quase inferior à presença de lamas e um menor custo de reagentes, uma vez que os ácidos gordos são os principais componentes dos resíduos da indústria do papel (Ma et al., 2011). Houot (1983) afirmou que a tolerância das lamas na flotação aniónica inversa é tão elevada que não é necessária a deslamagem antes da flotação. Nos últimos anos, a flotação aniónica inversa foi aplicada com êxito na principal área de minério de ferro da China, Anshan (Shen e Huang, 2005; Zhang et al., 2006). Nestes estudos, a flotação aniónica inversa foi realizada sem deslamagem, o que parece apoiar a afirmação de Houot (1983).

Ma et al. (2011) mostraram que a flotação aniónica inversa tem melhores resultados para a flotação de partículas finas (<10 µm) do minério de ferro da Vale do que a flotação catiónica do mesmo material. A flotação catiônica reversa de lamas não forneceu a seletividade necessária durante a separação. Em contraste, quando as partículas grossas (>210 µm) foram flutuadas, a flotação catiónica inversa superou o desempenho. Em última análise, a investigação confirmou que a flotação catiónica inversa é mais sensível à desmineralização da alimentação da flotação, enquanto a via aniónica é mais sensível à composição iónica da polpa.

A Fig. 2.10 mostra a recuperação cumulativa de quartzo e ferro em função do tempo de flotação na flotação catiónica/aniónica inversa. Os ensaios de flotação catiónica inversa foram realizados a pH 10,5 e os ensaios de flotação aniónica inversa foram realizados a pH 11,5 (Ma et al., 2011).

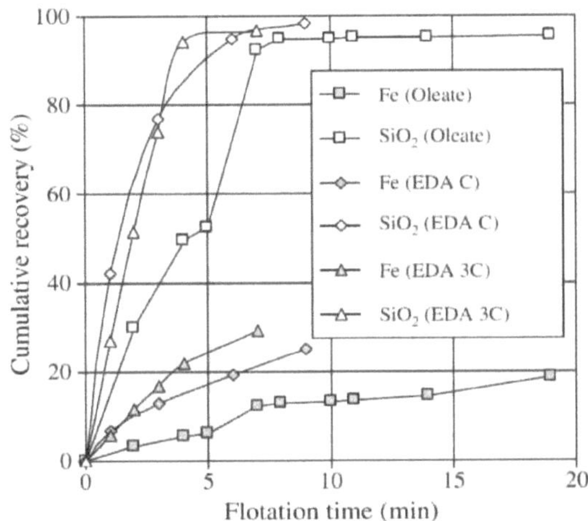

Fig. 2.10. Recuperação cumulativa de quartzo e ferro em função do tempo de flotação utilizando oleato de sódio, aminas de éter isononílico (EDA C e EDA 3C) como colectores. Utilizou-se 1000 g/t de amido como depressor.

Obviamente, a flotação do quartzo na flotação catiónica inversa é significativamente mais rápida do que na flotação aniónica inversa. Na flotação aniónica inversa, mesmo após um tempo de flotação prolongado, uma pequena porção de quartzo permanece não flotada.

As curvas de recuperação de tamanho na Fig. 2.11 ilustram que, para partículas ultrafinas (menos de 10 μm), a recuperação de Fe para os concentrados é extremamente baixa na flotação catiónica inversa, variando de 3 a 7%, provavelmente devido ao arrastamento de partículas ultrafinas de hematite para os produtos de espuma. No entanto, na flotação aniónica inversa, a recuperação de partículas ultrafinas de hematite é significativamente mais elevada, com quase todas as partículas ultrafinas de quartzo rejeitadas. A recuperação de hematite no intervalo de tamanho de partícula de 5 a 10 μm é de 58%, e diminui para 15% para partículas mais finas. Em contraste, na gama de tamanho de partículas grossas (> 210 μm), a flotação catiónica inversa tem um melhor desempenho do que a flotação aniónica inversa, com mais partículas grossas de quartzo rejeitadas. A Fig. 2.11 mostra que as partículas grosseiras de quartzo não flutuadas na flotação aniónica inversa correspondem à pequena porção de quartzo não flutuada mesmo após um tempo de flotação prolongado na Fig. 2.10.

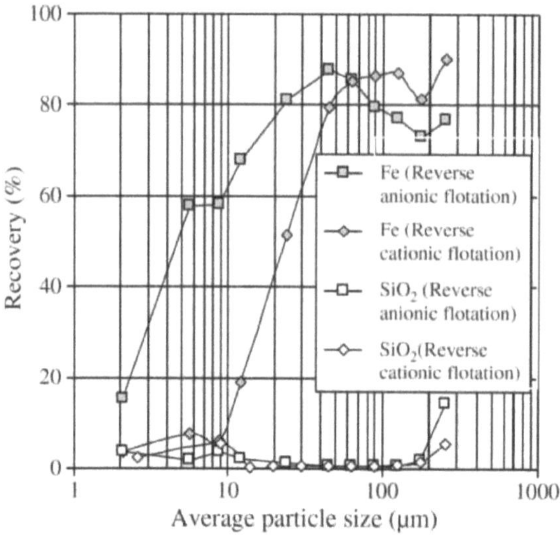

Fig. 2.11. Recuperações por tamanho de componentes individuais para flotação catiónica inversa e flotação aniónica inversa de amostras deslamadas.

Como mostra a Fig. 2.11, o quartzo não flotado na flotação aniónica inversa aumenta drasticamente com partículas de tamanho superior a 210 µm. Por conseguinte, a diminuição acentuada da curva para o oleato acima de 66% Fe (Fig. 2.12) deve-se à dificuldade de remover as partículas de quartzo mais grosseiras do que 210 µm na flotação aniónica inversa. De acordo com Iwasaki (1983) e Nummela e Iwasaki (1986), a eficiência da flotação do quartzo diminui a partir de partículas de tamanho superior a 75 µm, tanto para a flotação catiónica como para a aniónica. Uma análise visual dos resultados relatados por Vieira e Peres (2007) revela que, em pH 10, usando 60 g/t de éter monoamina como coletor, a recuperação da flotação de partículas de quartzo de -74 a +38 µm é próxima de 100%, e reduz para ~50% para partículas de quartzo de -150 a +74 µm. A flotação de quartzo basicamente cessa para partículas de quartzo de -297 a +150 µm. De acordo com os resultados deste estudo, na faixa de tamanho de partícula grossa, o éter amina isononílico supera o oleato, com mais partículas grossas de quartzo flutuadas.

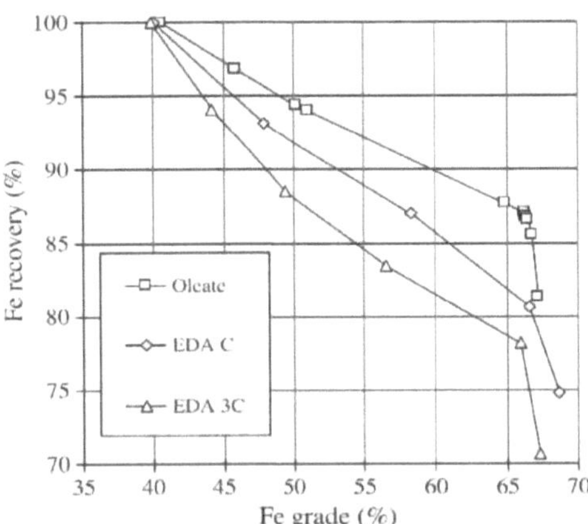

Fig. 2.12. Recuperação de Fe em função do teor de Fe para os ensaios de flotação em amostras deslamadas, utilizando oleato de sódio, EDA C e EDA 3C como colectores.

Verificou-se que a presença de lamas causava efeitos prejudiciais significativos em ambas as rotas de flotação. O amido é o depressor universal de óxidos de ferro na flotação de minério de ferro (Araujo et al., 2005; Ma, 2008), que também serve como floculante de partículas ultrafinas (Iwasaki et al., 1988; 1999). Verificou-se que o consumo de amido aumenta significativamente sem a deslamagem antes da flotação (Ma et al., 2011).

Na flotação catiónica inversa, a dosagem óptima de amido utilizada nas amostras deslamadas, ou seja, 1000 g/t de amido, foi considerada insuficiente para deprimir a hematite. Quando a dosagem de amido aumenta de 1000 g/t para 1500 g/t, o grau do concentrado aumenta de 45,19% Fe para 67,86% Fe. A recuperação de ferro também melhora significativamente, mas permanece abaixo de 60%. Foi observada uma tendência semelhante na flotação aniónica inversa, mas o consumo de amido é ainda mais elevado do que na flotação catiónica inversa (Tabela 2.1).

A 1000 g/t de amido, os graus do concentrado e da alimentação são praticamente os mesmos, o que indica que não há separação entre hematite e quartzo. Quando a dosagem de amido aumenta de 1000 para 2000 g/t, observa-se alguma depressão da hematite e a seletividade da flotação aniónica inversa melhora significativamente. A dosagem de amido utilizada neste trabalho foi controlada a ≤2000 g/t devido a razões económicas. (Tabela 2.1).

Tabela 2.1: Efeito da dosagem de amido na flotação catiónica e aniónica inversa (sem deslamagem antes da flotação).

Flotação catiónica inversa				Flotação aniónica inversa		
Dosagem de amido (gr/t)	parâmetro	Fe (%)	SiO2 (%)	Dosagem de amido (gr/t)	Fe (%)	SiO2 (%)

	Grau	45.19	34.52		40.06	40.97
1000	Recuperação	38.85	28.98	1000	97.63	96.55
	Grau	66.11	5.18		44.45	36.24
1250	Recuperação	54.81	4.4	1500	61.6	52.99
	Grau	67.86	2.64	Ω∩∩∩	55.79	18.55
1500	Recuperação	50.35	1.99	2000	72.36	23.65

A Fig. 2.13 comparou o desempenho de flotação da flotação aniónica inversa e da flotação catiónica inversa (Ma et al., 2011).

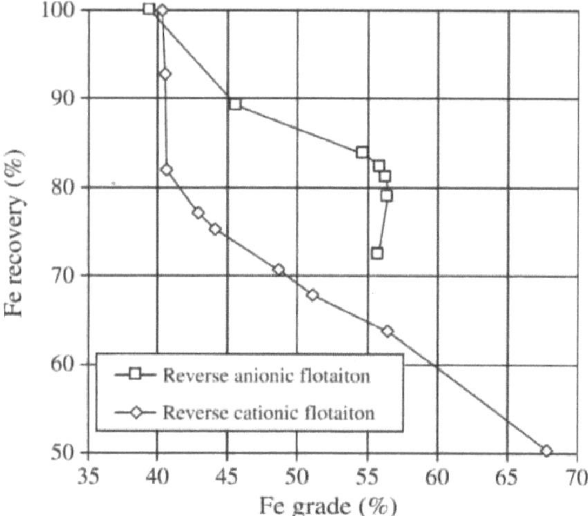

Fig. 2.13. Recuperação de Fe em função do grau de Fe para flotação aniónica inversa e flotação catiónica inversa sem deslamagem.

As curvas de grau de recuperação na Fig. 2.13 demonstram que, para o mesmo grau de concentrado, a recuperação de ferro na flotação aniónica inversa é quase 18% superior à da flotação catiónica inversa. No entanto, à medida que o ensaio de flotação aniónica inversa avança, a hematite começa a flutuar e a formar espuma, o que indica uma depressão insuficiente do mineral de ferro.

O grau mais elevado de concentrado obtido na flotação catiónica inversa da amostra sem deslamagem parece ser pertinente para o arrastamento de partículas ultrafinas. Tal como demonstrado na amostra deslamada, o arrastamento de partículas ultrafinas para a espuma na flotação catiónica inversa é significativamente mais elevado do que na flotação aniónica inversa. Na flotação catiónica inversa sem deslamagem, verificou-se que as lamas se reportam à espuma nos primeiros minutos, deixando o resto do processo de flotação pouco influenciado pelas lamas.

Embora Houot (1983) tenha referido que a deslamagem antes da flotação não é necessária na flotação aniónica inversa, devido à sua tolerância relativamente elevada a lamas, até agora não foi validada com provas experimentais. A aplicação bem sucedida da flotação aniónica inversa sem deslamagem antes da flotação na indústria de minério de ferro da China parece apoiar a afirmação de Houot. No entanto, um estudo exaustivo da prática chinesa revelou que a alimentação da flotação é processada através da utilização de mais de uma fase de separação magnética, o que pode ser considerado como um método de deslamagem selectiva.

Na literatura, a importância das interações electrostáticas entre partículas minerais para a flotação envolvendo partículas ultrafinas é amplamente identificada (Meech, 1981; Pindred e Meech, 1984; Cristoveanu e Meech, 1985). Um efeito adverso geralmente aceite das lamas na flotação de minério de ferro é a heterocoagulação de partículas ultrafinas de quartzo com partículas mais grossas de hematite e a heterocoagulação de partículas ultrafinas de hematite com partículas mais grossas de quartzo (Fuerstenau et al., 1958; Usui, 1972). Esta heterocoagulação mascara as propriedades superficiais das partículas mais grosseiras e reduz significativamente a adsorção selectiva de amido.

Antes de adicionar amido à polpa de flotação, as forças electrostáticas repulsivas entre as partículas de quartzo e hematite carregadas negativamente na flotação aniónica inversa são supostamente mais fortes do que na flotação catiónica inversa. Consequentemente, é de esperar que a heterocoagulação de partículas ultrafinas de quartzo/hematite em partículas mais grossas de hematite/quartzo seja mais significativa na flotação catiónica inversa. Como já foi referido, isto pode reduzir a seletividade da adsorção de amido e contribui para a menor seletividade da flotação catiónica inversa na presença de partículas ultrafinas. Após a adição de cal à polpa de flotação, a carga superficial do quartzo é invertida de negativa para positiva, para permitir a adsorção de ácidos gordos. A adição de cal pode causar a coagulação das partículas de quartzo. No entanto, nesta fase, as moléculas de amido já estão quimicamente adsorvidas nas superfícies de hematite e, por conseguinte, a coagulação causada pela cal não pode interferir com a adsorção selectiva de amido na flotação aniónica inversa.

Capítulo 3

Flotação catiónica

3.1. Colectores catiónicos

As aminas são colectores catiónicos, o que significa que assumem uma carga positiva em solução aquosa, tornando-as susceptíveis de reagir com superfícies minerais carregadas negativamente no mesmo ambiente. Os colectores de aminas podem ser classificados com base no número de radicais hidrocarbonetos relacionados com o grupo azoto (Fig. 3.1): primários (ou seja, aqueles em que apenas um grupo hidrocarboneto está presente com dois átomos de hidrogénio), secundários, terciários e quaternários (o quarto hidrogénio pode também ser substituído por um grupo hidrocarboneto, dando origem a um composto de base de amónio quaternário).

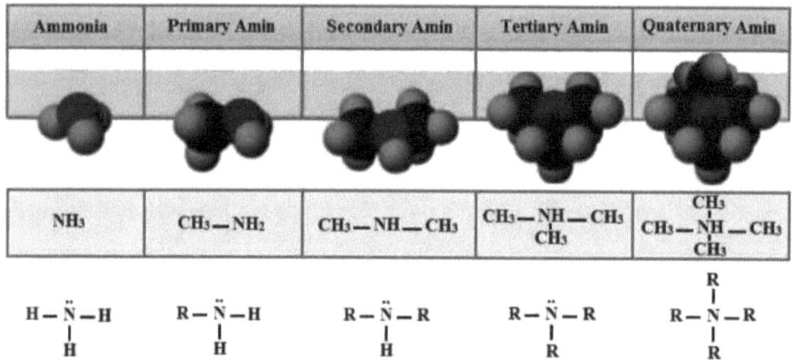

Fig. 3.1. **Aminas primárias, secundárias, terciárias e quaternárias**.

As aminas também podem ser classificadas em quatro grupos, de acordo com o método de obtenção e o comprimento do radical hidrocarboneto (Tabela 3.1). Sabe-se que o aumento da cadeia alquílica de um determinado coletor melhora a flutuabilidade e diminui a concentração limite necessária para a flotação (Rao, 2004).

Outra classificação das aminas inclui as alquilaminas (R-NH2), as arilaminas e as alquilarilaminas, consoante o átomo de azoto esteja ligado a um átomo de carbono de uma cadeia ou a um átomo de carbono de uma estrutura cíclica ou a ambos.

Comercialmente, as aminas gordas são aminas alifáticas normais, com um grupo alquilo longo de 8-22 átomos de carbono. São o produto da amonólise de gorduras naturais. Tal como os ácidos gordos, as aminas também têm uma cadeia de carbono não ramificada. As aminas gordas são derivadas de ácidos gordos através da conversão dos ácidos em nitratos, seguida da hidrogenação catalítica dos nitrilos em aminas (Bulatovic, 2007).

Quadro 3.1: Grupos representativos de colectores de aminas

Group	Structure	R
Fatty amine	R- CH_2 - NH_2	C8-C22
Fatty diamine	H | R-N-C-C-C-NH_2	C12-C24
Ether amine	R-O-C-C-C-NH2	C6-C13
Ether diamine	R-O-C-C-C-N-C-C-C-NH2	C8-C13
Condensates	H H H | | | R-C-N-C-C-N-C-C-N-C-R || || O O	C18

A presença do grupo hidrofílico extra melhora a solubilidade do reagente, o que facilita o seu acesso às interfaces sólido-líquido e líquido-gás, aumenta a elasticidade do filme líquido em torno das bolhas e também tem impacto no momento de dipolo da cabeça polar, o que reduz o tempo de relaxação dieléctrica principal (tempo de reorientação dos dipolos). Esta caraterística é relevante no que respeita à capacidade de formação de espuma da amina. O espumante tem um efeito na cinética de adesão das partículas às bolhas, tornando o tempo de relaxamento mais necessário do que o tempo de contacto. Nestas condições, o tempo de colisão é maior do que o tempo necessário para afinar e romper a lamela que envolve a bolha (Araujo et al. 2005).

As aminas gordas primárias, que foram utilizadas nas fases iniciais da flotação inversa industrial de minérios de ferro, já não são utilizadas (Smith et al., 1973; Montes-Sotomayor et al., 1998). Posteriormente, com a inserção do grupo polar - O- (CH_2)3 entre o radical hidrocarboneto e o grupo NH2 da cabeça polar conduzindo a N- alquiloxipropilamina (R- O - (CH_2)3 - NH2), que são conhecidas como aminas éteres (Houot, 1983; Papini et al., 2001; Filippov et al., 2010; Lima et al., 2013).

As aminas de éter são mais solúveis em água do que as aminas gordas; no entanto, têm um poder de recolha reduzido. O contacto da amina de éter novamente com acrilonitrilo conduziria a diaminas de éter, que são normalmente líquidas.

3.2. Flotação catiónica inversa

A rota de flotação catiónica inversa é amplamente utilizada na indústria do minério de ferro. A flotação de quartzo, silicatos e mica é frequentemente efectuada com colectores catiónicos. A flotação catiónica inversa do quartzo é muito eficaz na beneficiação de minérios de ferro para produzir concentrados de minério de ferro de alto grau. Neste processo, o quartzo, como principal mineral de ganga, é flotado com colectores catiónicos. Os minerais de ferro são geralmente deprimidos com depressores como o amido, a dextrina e o ácido húmico.

Papini et al., (2001) realizaram um grande número de experiências de flotação em escala de bancada de um minério de ferro do Quadrilátero Ferrífero, Brasil. Foram selecionados diferentes colectores catiónicos: monoamina gorda, diamina gorda, monoamina de éter, diamina de éter, condensado e querosene combinado com amina. As aminas gordas e os condensados produziram concentrados com teores de sílica muito elevados. Para o minério em estudo, em desacordo com a expetativa de que a presença de um segundo grupo polar reforçaria o poder de recolha, as monoaminas de éter revelaram-se mais eficientes do que as di-aminas de éter. Por outro lado, para o mesmo tipo de minério, as diaminas foram mais eficazes do que as monoaminas quando utilizadas em conjunto com o querosene. A mistura de di-aminas e mono-aminas é uma prática habitual numa fábrica de grandes concentradores. A fim de obter baixos teores de sílica no concentrado, a proporção de diamina é maior quando se produzem concentrados com especificações para redução direta.

A combinação de éter amina com o "óleo diesel" também tem sido utilizada na prática vegetal. Este produto é semelhante ao óleo combustível ASTM #5, amplamente utilizado na flotação de fosfato na Flórida (Araujo et al., 2005). A chave para o sucesso desta técnica é a emulsificação da fase oleosa na solução de amina (Pereira, 2003). A proporção de óleo na mistura do coletor é de cerca de 20%. Afirma-se que uma redução no consumo de amina é alcançada sem influenciar a recuperação metalúrgica (Araujo e Souza, 1997). Foram analisadas as águas residuais da bacia de rejeitos de um concentrador que operou com óleo diesel durante mais de um ano. Não foi encontrado nenhum efeito prejudicial para as espécies testadas. As caraterísticas das águas residuais são semelhantes às observadas antes da aplicação do gasóleo (Araujo et al. 2005).

A decileteramina é o principal coletor para o quartzo e o amido é o depressor para os minerais de ferro na flotação catiónica inversa, até pH>9 (Wang e Ren, 2005). A presença de amina molecular em solução é prejudicial para a flotação de hematite. O amido é adsorvido especificamente em ambos os minerais (mais no quartzo do que na hematite). No entanto, de acordo com a concentração do coletor e o pH (adsorção concorrente), o amido adsorvido no quartzo será dessorvido em meio alcalino na presença de sal de alquilamónio (Montes Sotomayor et al., 1998; Wang e Ren, 2005). O concentrador de Gong-ChangLing utilizou dodecilamina como coletor para a flotação de silicatos do concentrado de magnetite. O grau de ferro do concentrado de ferro atingiu 68,85% de Fe total e o teor de SiO2 foi reduzido de 8% para 3,62% à temperatura óptima de flotação entre 20 °C e 25 °C (Ping, 2002).

A utilização da dodecilamina apresenta problemas como a fraca seletividade, a bolha coesiva e a menor capacidade de recolha a baixa temperatura. Recentemente, os tensioactivos de amónio quaternário têm atraído numerosas atenções devido à sua elevada capacidade de solubilização, seletividade e capacidade de recolha significativas para o quartzo contra minérios de ferro (Chen et al., 1991; Wang e Ren, 2005; Weng et al., 2013). Em comparação com a dodecilamina, os tensioactivos de amónio quaternário com grupo funcional éster e caudas de hidrocarbonetos (M-302) revelaram uma melhor capacidade de recolha e seletividade com partículas de quartzo (Weng et al., 2013).

Wang e Ren (2005) encontraram um novo coletor catiónico com melhor seletividade e capacidade de recolha do que a alquil amina para completar a flotação selectiva da sílica do minério de ferro com um sal de amónio quaternário combinado. Demonstraram que o CS-22 (cloreto de dodecil dimetil benzil amónio e cloreto de dodecil trimetil amónio foram misturados na proporção de 2:1) é um coletor adequado para a flotação do quartzo da magnetite e da especularite do que o cloreto de dodecilamina e o brometo de cetil trimetilamónio. A Fig. 3.2 mostra os resultados da flotação de minerais puros.

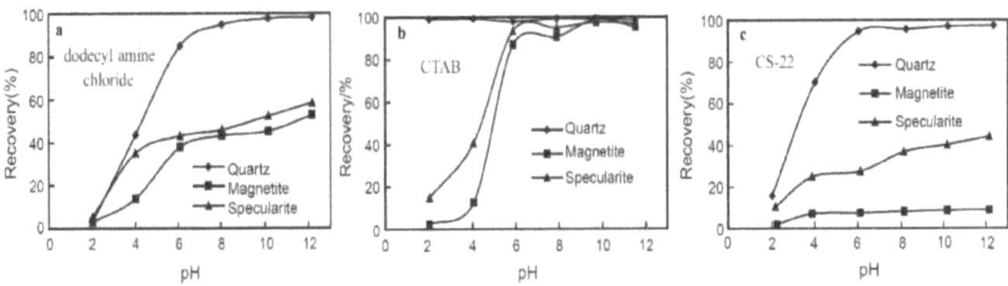

Fig. 3.2. Recuperação vs. pH da flotação de minerais puros utilizando (a) cloreto de dodecil amina, (b) brometo de cetil trimetilamónio, e (c) CS-22 com a concentração de 1*10-5 M

O cloreto de dodecilamina apresenta a mesma seletividade para a separação por flotação do quartzo da magnetite e da especularite na gama de pH de 6-12, e a recuperação da magnetite e da especularite é de cerca de 40%-60%, e a recuperação do quartzo é superior a 85% (Fig. 3.2.a). O brometo de cetil trimetilamónio apresenta uma maior seletividade do que o cloreto de dodecil amina e o CS-22 (Fig. 3.2.c) para a flotação do quartzo da magnetite e da especularite na gama de pH 2-5, mas como a recuperação destes três minerais é próxima de 95%, não há seletividade a um pH >5 (Fig. 3.2.b).

Os resultados da Fig. 3.2 revelam que o novo coletor combinado CS-22 tem o mesmo desempenho que o cloreto de dodecilamina para a flotação de três minerais, mas o CS-22 apresenta melhor seletividade que o cloreto de dodecilamina na gama de pH 6-12. A recuperação de magnetite e especularite é inferior a 10% e 40%, respetivamente, e a recuperação de quartzo é de cerca de 95% na gama de pH 6-12.

Para remover o quartzo da magnetite e da especularite no pH natural = 6-7, o CS-22 tem mais vantagens sobre o cloreto de dodecilamina e o brometo de cetil trimetilamónio, tanto em termos de seletividade como de capacidade de recolha. O CS-22 prefere ser adsorvido na superfície do quartzo, altera os seus potenciais zeta e ângulos de contacto, e aumenta a sua hidrofobicidade. Os resultados do FTIR mostram que o CS-22 é adsorvido na superfície do quartzo em adsorção física, uma vez que não são produzidos novos produtos.

Weng et al., (2013) propuseram um novo tensioativo de amónio quaternário contendo ésteres (M-302) após os seus estudos sobre a flotação catiónica inversa de silicatos de minérios de magnetite chineses. O M-302 foi sintetizado através de uma reação entre o ácido adípico e o cloreto de N- (2, 3- epoxipropil) dodecil dimetil amónio; este último foi sintetizado a partir do dodecil dimetil amónio e da epicloridrina. Em comparação com o cloreto de dodecilamina, as principais vantagens do M-302 são o seu maior poder de recolha, maior atividade superficial, menor concentração crítica de micelas, maior capacidade de solubilização e maior estabilidade da espuma durante a flotação. O efeito da concentração do coletor M-302 foi estudado através da resposta de flotação da magnetite em função da dosagem do depressor, da temperatura e do pH da polpa, a fim de investigar comparativamente a capacidade de recolha com o cloreto de dodecilamina. De acordo com os resultados, o M-302 demonstra um poder de recolha mais forte do que o cloreto de dodecilamina.

Este estudo revelou que a eficiência da classificação foi mais elevada na presença de 0,159 mmol/L M-302 (0,271 mmol/L DDA-HCl) a 300 g/t de amido alcalino, pH neutro e 25 °C. Isto indica que o M-302 tem melhor seletividade e maior capacidade de recolha de silicatos do que o DDA-HCl.

Os resultados mostram que, na gama de 5-35 °C, a recuperação do concentrado de Fe foi de cerca de 70% (cerca de 61% do grau) quando o M-302 foi utilizado como coletor, que atingiu um máximo de 72,45% (61,52% do grau) a 35 °C. No entanto, com o DDA-HCl, a recuperação do concentrado de Fe foi apenas inferior a 64% (cerca de 61% do grau). Exceto para a temperatura a 25 °C, foi alcançado o melhor resultado (70,85% de recuperação de concentrado de Fe, 60,9% de grau). Assim, o M-302 apresenta uma melhor adaptabilidade à temperatura numa vasta gama de temperaturas do que o DDA-HCl. Além disso, a medição dos potenciais zeta, os resultados mostram que o M-302 prefere ser adsorvido na superfície do quartzo.

Foram também efectuadas experiências comparativas (testadas em coluna de vidro) entre o M-302 e o cloreto de dodecilamina quanto à estabilidade da espuma (Fig. 3.3).

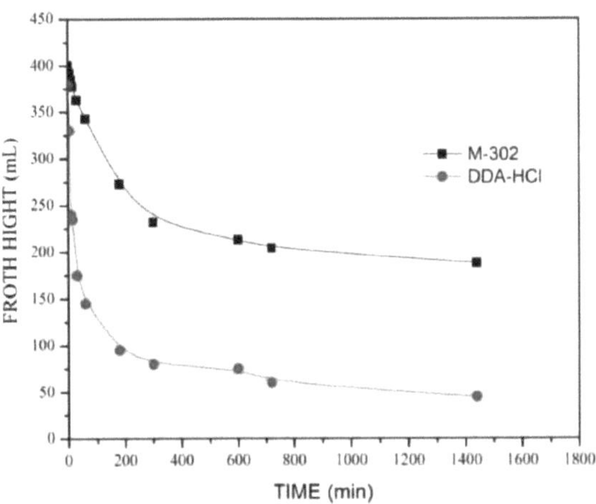

Fig. 3.3. Taxa de colapso da espuma vs. tempo (sob a condição de 0,159 mmol/L M-302 e 0,271 mmol/L DDA-HCl com 300 g/t de amido alcalino, a 25 °C)

Como pode ser visto na Fig. 17, o volume de espuma produzido por M-302 e DDA-HCl foi de 380 mL e 400 mL, respetivamente, no início. A espuma formada por queda colapsou mais rapidamente do que a do M-302 no tempo seguinte. Após 24 h, as curvas das taxas de colapso da espuma atingiram níveis de equilíbrio: A quantidade de espuma restante de DDA-HCl foi de 45 mL, enquanto a quantidade de espuma restante de M-302 foi de 188 mL. Isso indica que a taxa de colapso da espuma foi mais rápida do que a do M-302, e a espuma produzida pelo DDA-HCl é mais fina e frágil.

Os tensioactivos geminados são uma classe especial de tensioactivos que contêm dois grupos de cabeça hidrofílicos e duas caudas hidrofóbicas ligadas covalentemente através de um espaçador (Menger e Littau, 1991; Zana, 2002). Devido às suas propriedades únicas que são superiores às dos tensioactivos monoméricos, estes tensioactivos estão a ganhar muito mais atenção. Como estes tensioactivos têm baixos valores de CMC, são mais tensioactivos, têm melhor capacidade de solubilização, maior atividade biológica e melhor humidificação e formação de espuma do que os tensioactivos monoméricos convencionais (Devinsky et al., 1986; Goracci et al., 2007; Wei et al., 2011). Assim, os tensioactivos Gemini têm aplicações industriais mais versáteis como emulsionantes e dispersantes em detergentes, cosméticos, produtos de higiene pessoal, revestimentos e formulações de tintas (Chen et al., 2008). Os tensioactivos Gemini também têm sido alvo de um interesse mais recente como agentes modificadores para a preparação de organoargilas e como novos agentes de transfecção de genes devido às suas propriedades tensioactivas superiores e às suas capacidades de ligação ao ADN (Wang et al., 2013; Xue et al., 2013). A gema como agente coletor para a flotação de minério de ferro tem sido muito pouco examinada até agora (Thella et al., 2012; Weng et al., 2013). Vale a pena mencionar que os seus estudos se limitaram a um breve comportamento de flotação do minério de ferro utilizando um tensioativo Gemini. Não foi feito qualquer esforço sincero para descobrir o mecanismo de adsorção do tensioativo Gemini nas interfaces líquido/gás e líquido/sólido e a sua influência no desempenho da flotação (Huang et al., 2014).

Huang et al., (2014) introduziram um surfactante Gemini, etano -1, 2-bis (brometo de dimetil-dodecil-amónio) (EBAB), como um coletor para a separação por flotação catiónica inversa do quartzo da magnetite.

Os resultados da flotação mostraram que o EBAB apresentou um poder de recolha mais forte do que o surfactante monomérico convencional cloreto de dodecilamónio (DAC) e uma seletividade superior para o quartzo em relação à magnetite.

O tensioativo Gemini etano-1, 2-bis (brometo de dimetil-dodecul-amónio) (EBAB), como coletor, foi sintetizado utilizando N, N, N', N'-tetrametiletilenodiamina com 1- bromododecano. A Fig. 3.4 apresenta as estruturas químicas do tensioativo Gemini EBAB e do tensioativo monomérico convencional DAC.

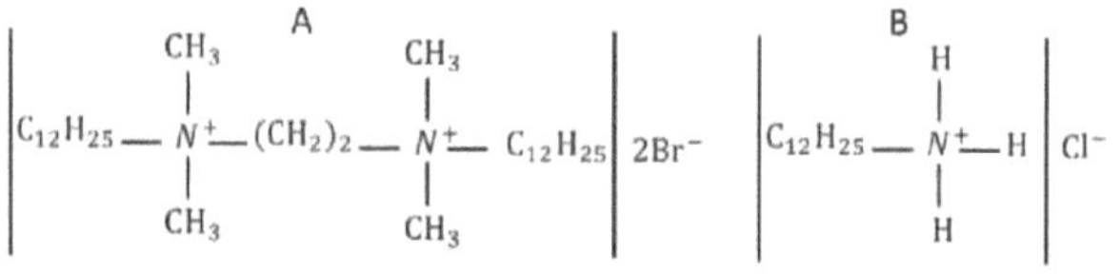

A
$$C_{12}H_{25} - \overset{\overset{\textstyle CH_3}{|}}{\underset{\underset{\textstyle CH_3}{|}}{N^+}} - (CH_2)_2 - \overset{\overset{\textstyle CH_3}{|}}{\underset{\underset{\textstyle CH_3}{|}}{N^+}} - C_{12}H_{25} \quad 2Br^-$$

B
$$C_{12}H_{25} - \overset{\overset{\textstyle H}{|}}{\underset{\underset{\textstyle H}{|}}{N^+}} - H \quad Cl^-$$

Fig. 3.4. Estruturas químicas do tensioativo Gemini EBAB (a) e DAC (b) (Huang et al., 2014).

Fig. 3.5   mostrou o efeito dos valores de pH na flutuabilidade do quartzo e da magnetite utilizando os colectores mencionados ($CC = 2,5 * 10^{-5}$ mol/L). Com o aumento do pH, a recuperação do quartzo por flotação aumentou gradualmente, mas diminuiu a pH > 10 quando se utilizou DAC. No entanto, para o EBAB, a recuperação do quartzo aumentou com o aumento dos valores de pH e manteve-se >90% mesmo quando os valores de pH eram superiores a 12. A um pH natural de 6,56, a recuperação do quartzo por flotação foi de 93,03% e 77,46% com a utilização do coletor EBAB ou DAC, respetivamente. O intervalo de pH adequado para a flotação do quartzo foi de 6-12 para o EBAB e de 6-10 para o DAC. Ficou claro que a capacidade de recolha do EBAB era mais forte do que a do DAC, especialmente em condições fortemente alcalinas. Quanto à flotação da magnetite, os dois colectores mostraram uma fraca capacidade de recolha, uma vez que as recuperações de magnetite não foram superiores a 10% a valores de pH 2-12. Utilizando o coletor EBAB ou DAC, a pH natural 6,84, a recuperação da magnetite por flotação foi de 7,32% e 3,61%, respetivamente. Por conseguinte, os valores de pH adequados para a separação por flotação do quartzo da magnetite foram 6-10.

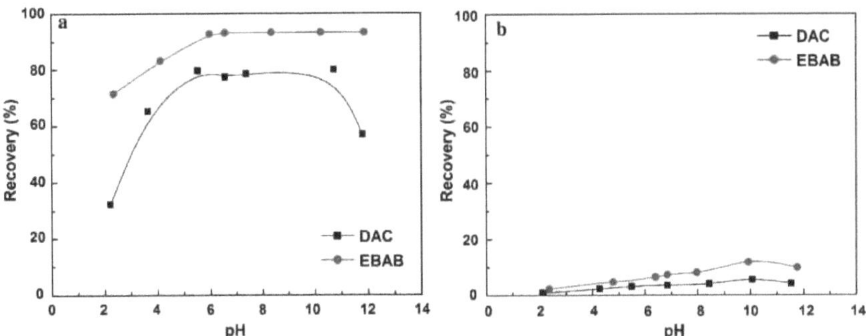

Fig. 3.5. Recuperação de quartzo (a) e magnetite (b) em função do pH, utilizando EBAB ou DAC como coletor (CC = 2,5 * 10^{-5} mol/L).

O potencial zeta do quartzo e da magnetite em função do pH na ausência e na presença de 2,5 * 10*5 mol/L de EBAB é apresentado na Fig. 3.6. O ZPC do quartzo e da magnetite foi de 2,00 e 5,83, respetivamente, o que está de acordo com os valores previamente comunicados (Yuhua e Jianwei, 2005; Filippov et al., 2010). O potencial zeta do quartzo e da magnetite apresentou uma mudança notável para potenciais zeta mais positivos na presença de EBAB, indicando que as moléculas catiónicas Gemini foram adsorvidas no quartzo e na magnetite por força eletrostática. Além disso, após a interação com o EBAB, o aumento do potencial zeta do quartzo foi muito superior ao da magnetite, o que indica que o EBAB preferiu ser adsorvido nas superfícies de quartzo. Os resultados do potencial zeta revelaram que o EBAB foi adsorvido no quartzo e na magnetite principalmente através de atração eletrostática, o que está de acordo com os resultados do espetro FTIR (Huang et al., 2014).

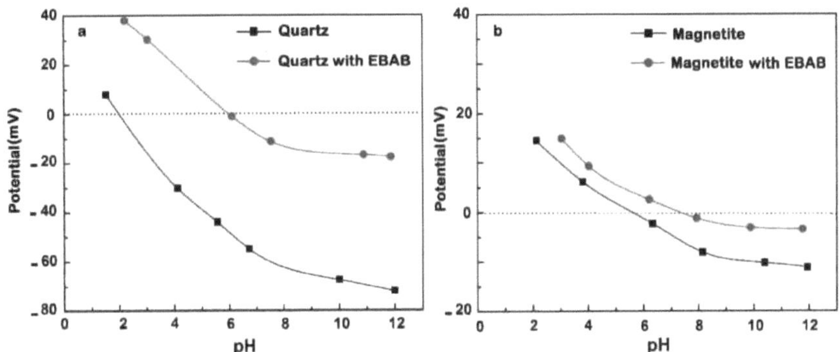

Fig. 3.6. O potencial zeta do quartzo e da magnetite em função do pH na ausência e na presença de EBAB

De acordo com o "modelo das quatro regiões" sugerido por Somasundaran e Fuerstenau (1966), a medição do potencial zeta pode caraterizar o comportamento de adsorção do tensioativo na interface sólido/água. Para explicar o mecanismo responsável pela adsorção do tensioativo Gemini EBAB na interface ar/água e na interface quartzo/água, a Fig. 3.7 apresenta a dependência entre a recuperação da flotação, o potencial zeta e a tensão superficial da solução de EBAB. Além disso, o modelo esquemático do surfactante EBAB adsorvido nas quatro regiões de concentração foi proposto nesta figura (Huang et al., 2014).

Pode depreender-se desta figura que as alterações na recuperação da flotação, no potencial zeta e na tensão superficial com o aumento da concentração da massa podem ser divididas em quatro fases para a solução de EBAB.

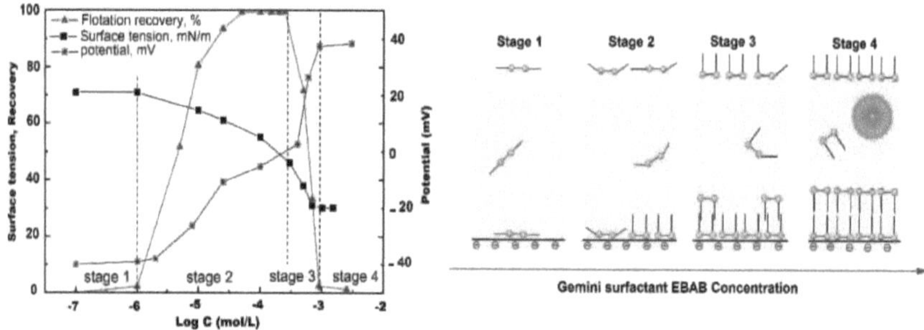

Fig. 3.7. Dependência da recuperação da flotação, do potencial zeta e da tensão superficial da solução de EBAB e do log C (lado esquerdo) e modelo esquemático da adsorção do surfactante Gemini EBAB na interface ar/água e na interface quartzo/água (lado direito).

Fase 1: a concentração de EBAB era demasiado baixa para formar películas de adsorção nas interfaces ar/água e quartzo/água; por conseguinte, a recuperação da flotação, o potencial zeta e a tensão superficial permaneceram praticamente inalterados até $1 * 10^{-6}$ mol/L.

Entretanto, as moléculas de EBAB foram electrostaticamente adsorvidas à superfície do quartzo, com os grupos positivos da cabeça em contacto com a superfície negativa do quartzo. Para minimizar o contacto com a água, os grupos de cauda dos hidrocarbonetos podem ficar planos na superfície do quartzo.

fase 2: as moléculas de EBAB começaram a formar películas de adsorção insaturadas nas interfaces ar/água e quartzo/água, e a tensão superficial tornou-se cada vez menor, enquanto o potencial zeta se tornou cada vez mais positivo com o aumento da concentração. As moléculas de EBAB podem alinhar-se na interface ar/água com os grupos da cabeça imersos em água e os grupos da cauda de hidrocarbonetos estendidos para o ar num ângulo que depende das concentrações de EBAB. Na interface quartzo/água, as moléculas de EBAB podem ser adsorvidas com os grupos de cabeça positivos virados para a superfície negativa do quartzo, enquanto os grupos de cauda de hidrocarbonetos são projectados para a água. Também foi interessante notar que a adsorção de moléculas catiónicas de EBAB tornaria a superfície do quartzo mais hidrofóbica e aumentaria as recuperações de flotação do quartzo. Aqui, na fase 2, o potencial zeta ainda era negativo e a adsorção ocorria com os grupos principais do EBAB orientados para a superfície do quartzo.

Fase 3: a primeira película de adsorção saturada formou-se na interface quartzo/água e o potencial zeta inverteu-se de negativo para positivo acima de 4,2 $*10^{-4}$ mol/L de concentração de EBAB, condições em que o potencial na camada de Stern se comportava agora contra a continuação da adsorção. Assim, as forças de dispersão de London entre as cadeias hidrofóbicas foram a força motriz para a continuação da adsorção. Além disso, a repulsão eletrostática fez com que os iões EBAB adsorvidos se orientassem de forma inversa, com os seus grupos de cabeça a apontar para a fase de solução, reduzindo assim a hidrofobicidade da superfície do quartzo e as recuperações de flotação do quartzo. Simultaneamente, as moléculas de EBAB são continuamente adsorvidas na interface ar/água e a tensão superficial diminui em conformidade.

fase 4: a concentração de EBAB atingiu a sua CMC (cerca de 10^{-3} mol/L), a morfologia da superfície do quartzo deveria ser uma bicamada totalmente formada e níveis de saturação da cobertura da superfície, pelo que novos aumentos da concentração de EBAB não resultaram em novos aumentos do potencial zeta (Atkin et al., 2003). Uma vez que a superfície do quartzo se tornou hidrofílica, a recuperação por flotação do quartzo atingiu um mínimo e permaneceu quase inalterada, em torno de zero.

A aplicação de líquidos iónicos como novos colectores de quartzo (Aliquat-336 e TOMAS) na flotação de espuma foi investigada por Sahoo et al., (2015). O Aliquat-336 e o TOMAS são líquidos iónicos à base de amónio quaternário, em que a cabeça de amónio se encarrega de se ligar electrostaticamente à superfície do quartzo e os grupos alquilo volumosos causam a hidrofobicidade (Sahoo et al., 2015). Geralmente, os líquidos iónicos são constituídos por espécies iónicas e permanecem apenas como líquido a uma temperatura próxima de 100 °C ou mesmo abaixo dessa temperatura. Estes compostos têm baixa volatilidade devido à presença de grupos volumosos. Os líquidos iónicos são mais fáceis de manusear como espécies iónicas, mesmo à temperatura ambiente, ao contrário dos sais fundidos que só se ionizam a temperaturas elevadas. São geralmente utilizados como catalisadores de transferência de fase em síntese orgânica e como extractores de solventes, substituindo os solventes orgânicos convencionais. Os líquidos iónicos específicos da tarefa podem ser concebidos através de diferentes combinações de aniões e catiões. A substituição de líquidos iónicos por solventes orgânicos convencionais pode ser feita devido à sua baixa pressão de vapor, ampla gama de temperaturas, elevada estabilidade térmica e química (Neves et al., 2014; Ferreiraa et al., 2014; Yousfi et al., 2014; Lia et al., 2014). Sahoo et al. (2015) examinaram a aplicação de líquidos iónicos (IL's) à base de amónio quaternário como coletores de flotação de quartzo. Além disso, foi estudado o efeito do número de átomos de carbono nas quatro cadeias alquílicas idênticas dos IL. Em comparação com os colectores convencionais, como a dodecilamina (DDA) ou o brometo de cetiltrimetilamónio (CTAB), os resultados de flotação do quartzo puro utilizando líquidos iónicos são melhores. Estes líquidos iónicos com grupos catiónicos de amónio quaternário são geralmente utilizados na extração de metais pesados, como catalisadores, como solventes em síntese orgânica e como agentes activos de superfície.

Sugeriu-se a utilização de misturas que incluíssem colectores catiónicos e aniónicos, bem como colectores com tensioactivos não iónicos, para melhorar os resultados metalúrgicos da flotação catiónica de silicatos, incluindo silicatos com ferro. Isto pode proporcionar uma maior seletividade e recuperação da flotação em comparação com cada reagente separado, bem como uma redução significativa do consumo de aminas (Filippov et al., 2014). O mecanismo de adsorção de aminas catiónicas C12 mistas e de colectores aniónicos de sulfato/oleato foi investigado em quartzo e hematite através de estudos de flotação Hallimond por Vidyadhar et al. (2012). A Fig. 3.8 mostra a resposta de flotação do quartzo e da hematite em função da concentração do coletor catiónico e aniónico a pH neutro (6,0 a 6,3), (Fuerstenau et al., 1964; Vidyadhar et al. 2002).

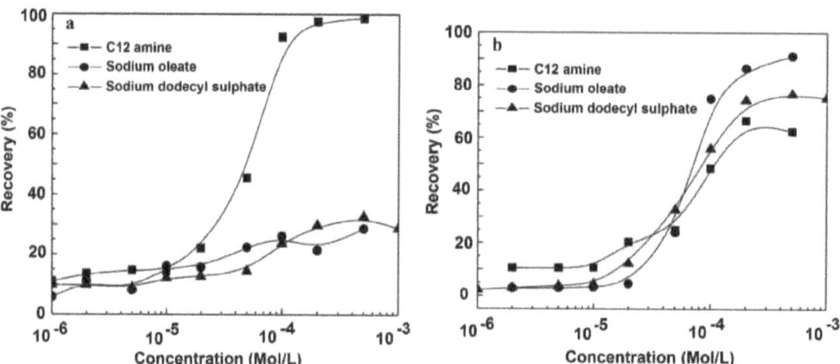

Fig. 3.8. Recuperação por flotação de quartzo (a) e hematite (b) em função da concentração do coletor a pH neutro.

A resposta de flotação do quartzo e da hematite em função do pH é apresentada na Fig. 3.9. A recuperação da flotação do quartzo é de quase 90% com $1*10^{-4}$ M C12 amina, acima do qual se atinge 100% de recuperação. No entanto, no caso dos colectores aniónicos, o quartzo não flutua na gama de pH neutro e obtém-se uma recuperação máxima de cerca de 25%, mesmo com uma concentração mais elevada. Tanto no caso do coletor catiónico como no do aniónico, a recuperação da hematite por flotação aumenta geralmente com o aumento da concentração (Fig. 3.9b). A recuperação da hematite por flotação é de cerca de 75% a $1*10^{-4}$ M de oleato de sódio, ao passo que a recuperação observada é de cerca de 40-50% para a C12 amina e o dodecilsulfato de sódio, mantendo-se o nível de concentração, e a recuperação máxima de 90% por flotação é obtida a $5*10^{-4}$ M de concentração de oleato de sódio.

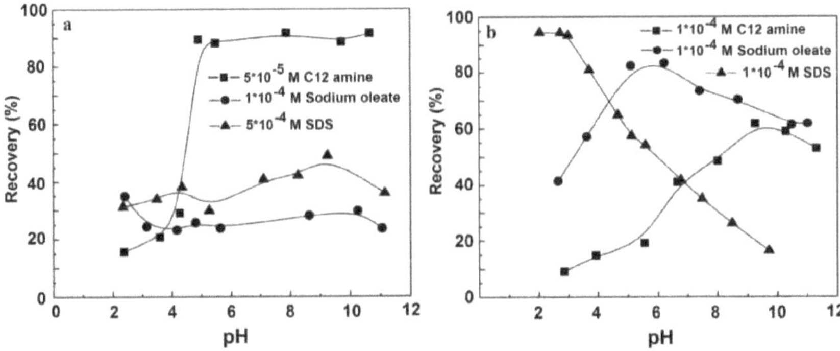

Fig. 3.9. Recuperação por flotação de quartzo (a) e hematite (b) em função do pH a uma concentração fixa de coletor.

A uma concentração de $5*10^{-5}$ M de amina C12, o aumento da recuperação do quartzo começa a cerca de pH 3,5, para além do qual é atingida uma recuperação de flotação de quase 90% em toda a região de pH estudada. No entanto, com colectores aniónicos, a resposta de flotação do quartzo não é significativa em toda a gama de pH estudada, mesmo com concentrações mais elevadas de oleato e sulfato, e a recuperação máxima de cerca de 45% é atingida com dodecil sulfato de sódio a cerca de pH 9,5.

Os resultados da flotação da hematite (Figura 3.9b) indicam claramente que, com o coletor catiónico C12 amina, a recuperação da flotação aumenta com o aumento do pH até cerca de pH 9,5 e, a partir daí, a recuperação diminui marginalmente. A recuperação máxima, com a amina C12, de cerca de 60% é obtida a pH 9,5. A recuperação da flotação com oleato de sódio aniónico aumenta com o aumento do pH até cerca de 6,0 e, a partir daí, a recuperação é relativamente reduzida. A recuperação máxima da flotação de 80% é alcançada a pH 6,0 com oleato de sódio. Estes resultados mostram que, a um pH altamente ácido entre 2 e 3, com um coletor aniónico de dodecil sulfato de sódio, a recuperação diminui consideravelmente com o aumento do pH, mas é atingida uma recuperação máxima de flotação de cerca de 95%.

A resposta de flotação do quartzo e da hematite com o aumento da concentração de oleato de sódio na presença de diferentes concentrações de amina na região de pH neutro de 6,0 a 6,3 é apresentada na Fig. 3.10. De acordo com os resultados, a presença de oleato de sódio aniónico aumentou a recuperação da flotação até que a concentração de oleato se torne igual à da concentração de amina

C12 e acima da qual se observa uma queda na recuperação.

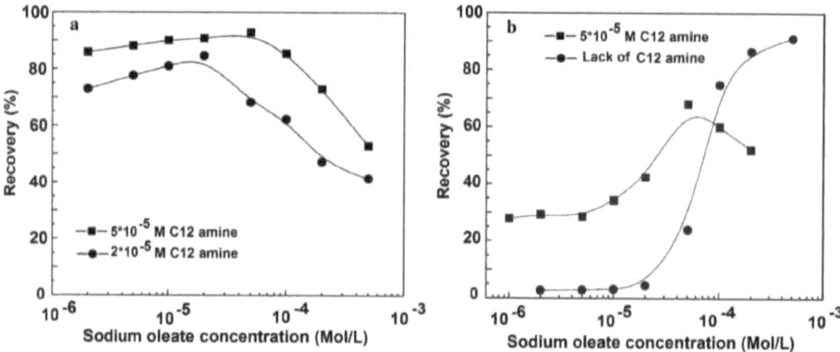

Fig. 3.10. Recuperação por flotação de quartzo (a) e hematite (b) em função da concentração de oleato de sódio na presença de diferentes concentrações de amina a pH neutro.

O aumento da recuperação da flotação é causado pela adsorção de C12 amina feita pela presença de oleato e isto é possível através da inserção de oleato entre dois grupos de cabeça de amina de superfície adjacentes, diluindo assim a sua repulsão eletrostática, aumentando a atração de ligações laterais cauda-cauda induzindo uma maior adsorção de iões de alquilamónio. Os resultados ilustram o aumento da adsorção do coletor catiónico na presença de coletor aniónico, para além da sua própria co-adsorção (Vidyadhar et al., 2012). Quando a concentração de coletor aniónico ultrapassa a concentração de amina C12, é sensato sugerir que a amina C12 forma um complexo solúvel 1:2 com o oleato/precipitado, o que faz a recessão da recuperação da flotação, uma vez que os grupos alquilo destas espécies adsorvidas estão orientados aleatoriamente na superfície. Em alternativa, a privação de mais amina C12 para adsorção ou a saturação da superfície com a formação de monocamadas, o aumento da concentração de oleato resulta na adsorção de oleato na orientação inversa, representando hidrofilicidade, e conduzindo assim à diminuição da flotação.

Os resultados da flotação do quartzo e da hematite revelaram um aumento da adsorção do coletor catiónico na presença do coletor aniónico. Devido à diminuição da repulsão eletrostática cabeça-cabeça do alquilamónio na superfície adjacente e ao aumento das ligações hidrofóbicas cauda-cauda, a presença de oleato aumenta a adsorção da C12 amina para além da sua co-adsorção. Com o aumento da concentração de oleato para além da concentração de C12-amina, observa-se que a C12-amina forma complexos/precipitados solúveis 1:2 e a adsorção destas espécies retarda a flotação, uma vez que os grupos alquilo destas espécies adsorvidas estão orientados aleatoriamente na superfície.

Capítulo 4

Depressivos

4. 1. Depressores

Na flotação inversa, os silicatos são flutuados após a depressão do óxido de ferro por reagentes adequados, como o amido, a dextrina e a CMC. A ação depressora do amido deve-se ao revestimento de uma superfície hidrofóbica natural de baixa energia com uma película hidrofílica para evitar a fixação de bolhas de ar (Turrer e Peres, 2010). As moléculas de amido deprimem tanto o óxido de ferro como as partículas de sílica, mas devido ao grande tamanho do radical e à elevada electro negatividade, as aminas são ionizadas em água e reagem com as partículas de sílica, de preferência a um pH ligeiramente alcalino (Liu-yin et al., 2010). No entanto, o amido é adsorvido no quartzo e dessorvido em meio alcalino na presença de sais de alquilamónio a uma concentração de coletor e pH adequados. Este não é o caso da hematite, para a qual a dependência amido-mineral é mais forte do que a do quartzo. Na flotação de minério de ferro, o amido é utilizado para tornar hidrofílica a superfície do ferro que contém minerais, a fim de melhorar a seletividade da flotação de outros minerais de silicato. A ação depressora do amido ocorre devido à sua forte adsorção com a superfície mineral (Abdel-Khalek et al., 2012). Liu- yin et al. (2009) sugeriram que a ligação de hidrogénio é o mecanismo de adsorção subjacente aos amidos com os minerais de óxido devido à presença do grupo hidroxilo tanto no amido como nos óxidos minerais.

Diferentes amidos derivados de milho, tapioca, arroz, batata, milho e outros, tais como goma guar, goma acácia, amido solúvel, são amplamente utilizados na depressão de minerais como hematita e diásporo (Turrer e Peres, 2010; Hai-pu et al., 2010; Kar et al., 2013).

Por exemplo, o amido de milho é amplamente utilizado em muitas indústrias como depressor de minerais contendo ferro. No Brasil, este amido desempenha um papel fundamental na flotação de minério de ferro, silvinite, sulfureto de cobre, etc. (Peres e Correa, 1996). Do mesmo modo, foram efectuados vários estudos de floculação selectiva em finos minerais como a bauxite, o carvão, o fosfato, a cromite, a hematite e a magnetite, utilizando o amido como agente floculante (Wang, 2003; Beklioglu e Arol, 2004; Pradip, 2006).

Os produtos industriais comercializados como amido de milho são constituídos essencialmente por uma fração de amido (anilopectina mais amilose), proteínas, óleo, fibras, matéria mineral e humidade. Os componentes amilose e amilopectina representam a matéria ativa do reagente, que é a principal responsável pela ação depressora (Fuerstenau et al., 2007).

Iwasaki e Lai (1965) observaram que os amidos com maior componente de amilopectina são mais adsorvidos na hematite do que os amidos com amilose.

As moléculas de amilose e amilopectina estão ligadas entre si através de ligações de hidrogénio nas moléculas de amido, formando grânulos de 3 a 100 µm que são insolúveis em água fria. Por conseguinte, é aplicada a gelatinização alcalina ou térmica para a sua dissolução. O mecanismo de gelatinização térmica baseia-se no aumento da vibração das ligações de hidrogénio nas moléculas de amido e na sua rutura a altas temperaturas (Filippov et al., 2014). Assim, as moléculas de amido vão diminuindo gradualmente de massa molecular até à formação de glucosemonómeros (Bertuzzi et al., 2007). Utilizando hidróxido de sódio, a gelatinização alcalina é efectuada e pode ser realizada a baixas temperaturas. Este método produz uma solução homogénea de amido com uma destruição quase total dos grânulos de amido. No entanto, a gelatinização alcalina tem sido menos trabalhada do que o método térmico. A eficácia da gelatinização alcalina é fortemente influenciada pelo rácio amido/NaOH (Broome et al., 1951) e pela técnica de dissolução (Iwasaki e Lai, 1965; Filippov et al., 2014).

Alguns estudos de base sobre a utilização do amido indicaram que o amido é um polissacárido constituído principalmente por dois tipos diferentes de polímeros de glucose: amilopectina e amilose. O componente amilopectina do amido participa na flotação ou floculação, mas as amiloses não são capazes de reagir com qualquer mineral. Observou-se que a maioria dos amidos industriais contém 20-30% de amilose, 70-80% de amilopectina e <1% de lípidos e proteínas. Vários estudos científicos, como a análise termogravimétrica, o infravermelho e o potencial zeta, mostraram que a adsorção de amido na superfície da hematite se deve à disponibilidade de concentrações mais elevadas de sítios metálicos hidroxilados (Weissenborn et al., 1995). Diferentes tipos de amidos e polissacáridos têm amplas aplicações em flotação, adesivos, administração de medicamentos e floculação selectiva de minérios e minerais (Dogu e Arol, 2004). Pinto et al. (1992) observaram, a partir de experiências de microflotação apresentadas na Fig. 4.1, que a amilopectina é o componente do amido que deprime mais eficazmente o mineral hematite.

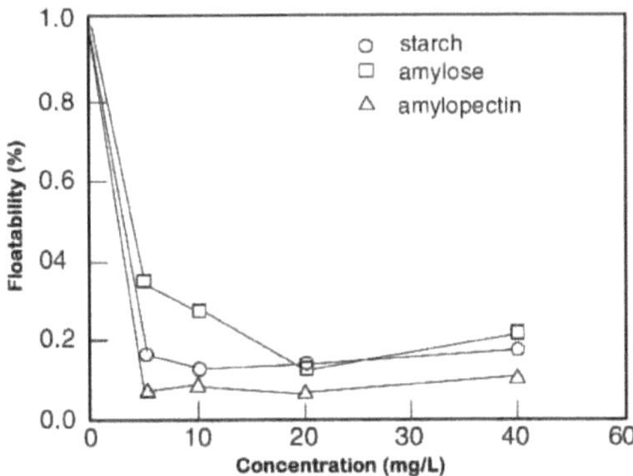

Fig. 4.1. Flutuabilidade da hematite em função da concentração do depressor.

Peres e Correa (1996) explicaram a importância da relação entre a amilose e a amilopectina no amido durante a depressão da hematite. De acordo com o seu trabalho, quando uma amina de éter primário é utilizada como coletor, a amilopectina reduz a flutuação da hematite mais profundamente do que a amilose. No entanto, foram obtidos melhores resultados quando se utilizou amido com uma relação amilopectina/amilose de 75/25% em vez de amilopectina pura. Devido ao potencial para perturbações na estabilidade da espuma, se o teor de óleo (triglicéridos) no amido for superior a 1,8%, o desempenho do amido diminui durante a flotação catiónica inversa de minérios de ferro.

O amido de milho tem sido utilizado na flotação de minério de ferro no Brasil desde 1978. O nome comercial do reagente era Collamil, que consiste num produto muito fino e muito puro. O teor de amilose mais amilopectina chegava a 98% a 99%, em base seca, sendo o restante representado por teores menores de fibras, matéria mineral, óleo e proteínas. Esse amido foi empregado na Samarco e também em usinas de concentração de fosfato. Problemas comerciais decorrentes de um monopólio (só havia um fornecedor do reagente) levaram à busca de alternativas por concentradores de minério de ferro e fosfato. Um produto, muito utilizado na fabricação de cerveja, foi testado em escala laboratorial com minérios de ferro (Viana e Souza 1988; Araujo et al., 2005) e repousou com sucesso em escala industrial com minérios de ferro e fosfato. Este produto, acessível em condições comerciais atractivas, era o amido de grits. Os termos amido convencional (muito puro) e amido não convencional (menos puro (aproximadamente 7% de proteínas)) serão aplicados para Collamil e grits, respetivamente.

Com base nos resultados da prática da fábrica, a utilização de amido não convencional não destruiu o desempenho metalúrgico do concentrador em termos de recuperação de ferro e de teores de contaminantes no concentrado. O preço do depressor alternativo era quase metade do preço do amido convencional. Apesar da evidência industrial prática de que ambos os tipos de amido produziram desempenhos semelhantes, os fornecedores de amido convencional alegaram que o teor de proteínas poderia ser prejudicial para o desempenho da flotação (Araujo et al., 2005).

Os resultados experimentais de testes de microflotação num tubo Hallimond modificado ilustraram que a zeína, a proteína mais abundante do milho, é um depressor da hematite tão eficiente como a amilopectina e o amido de milho convencional (Peres e Correa, 1996). A Fig. 4.2 mostra a flutuabilidade da hematita em função da concentração de éter amina para a zeína e outros depressores. Por conseguinte, o desempenho industrial adequado do amido não convencional não é casual (Peres e Correa, 1996).

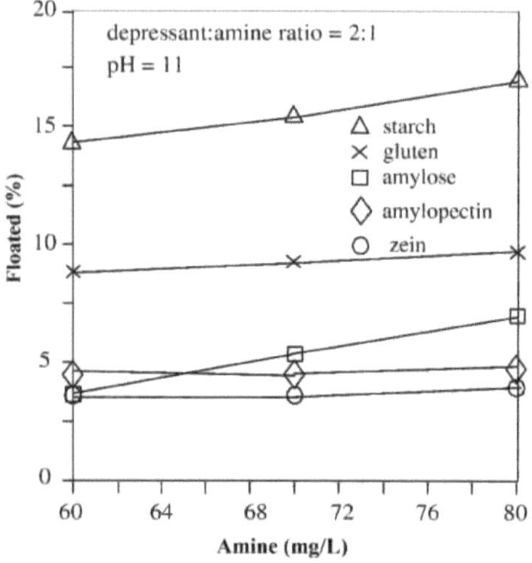

Fig. 4.2. Ação depressiva da zeína e de outros depressores sobre o quartzo.

De acordo com Pavlovic e Brandão (2003), melhorou-se a compreensão das interações do amido e dos seus componentes polissacáridos (amilose e amilopectina), do monómero glucose e do dímero maltose com os minerais hematite e quartzo na flotação de minério de ferro. As isotérmicas de adsorção para o amido de milho, a amilose e a amilopectina na hematite e no quartzo são apresentadas na Fig. 4.3a. De acordo com os resultados, a adsorção do amido, da amilose e da amilopectina na hematite foi semelhante. No quartzo, os resultados foram diferentes: a amilose foi mais abstraída do que o amido e não se observou abstração da amilopectina.

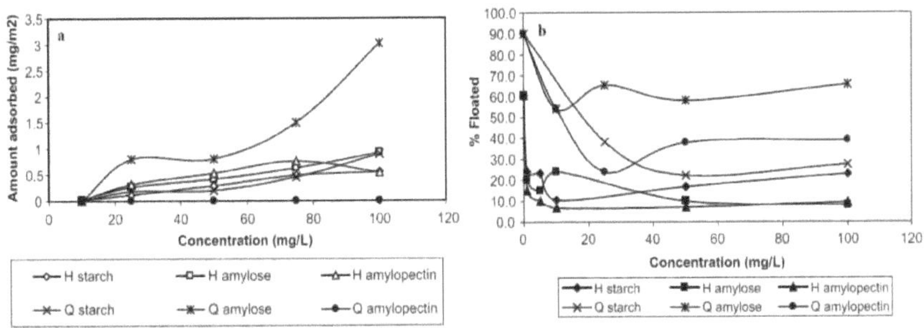

Fig. 4.3. (a) Adsorção de amido de milho, amilose e amilopectina em hematite (H) e quartzo (Q). (b) Flutuabilidade da hematite e do quartzo em função dos depressores mencionados.

Schulz e Cooke (1953) também observaram a maior adsorção de amilose em relação à amilopectina e ao amido em superfícies minerais. A Fig. 4.3b mostra o efeito da concentração de polissacáridos na capacidade de flutuação da hematite e do quartzo. Como esperado, o amido foi um depressor mais eficaz para a hematite do que para o quartzo. Os resultados mostraram que o amido, a amilose e a amilopectina foram depressores da hematite de uma forma muito semelhante. Mas a depressão foi diferente para o quartzo. A amilose apresentou o pior desempenho como depressor do quartzo. Estes resultados podem ser atribuídos ao facto de a amilose não ser um floculante. Embora a adsorção de amilopectina tenha sido extremamente pequena, ela ainda foi eficiente como depressor do quartzo. Provavelmente, poucas moléculas de amilopectina foram capazes de se ancorar na superfície e, portanto, flocular as partículas de quartzo. Hogg (1999) considerou que a relação entre a adsorção e a floculação não era clara, sendo a adsorção apenas uma etapa de um fenómeno tão complexo. Não foi possível correlacionar a ação depressora com a quantidade de polissacáridos adsorvidos, sobretudo no caso do quartzo, comparando as densidades de adsorção do amido, da amilose e da amilopectina na hematite e no quartzo com a sua ação depressora.

Para evitar a fixação de bolhas de ar, a ação depressora é geralmente aceite como envolvendo o revestimento de uma superfície hidrofóbica natural de baixa energia com uma película hidrofílica. No entanto, não existe uma forma fácil de quantificar estes dois efeitos, a floculação e a flotação. Não obstante esta dificuldade, uma forma de testar a proposta consiste em utilizar a glucose monómera e a maltose dimérica como depressores. O amido é um polímero natural complexo, não iónico, constituído por duas fracções: uma amilose linear, constituída por monómeros de D-glucose unidos por ligações C1-C4, e uma amilopectina ramificada, que contém os mesmos monómeros unidos também por ligações C1-C6 (Peres e Correa, 1996). A Fig. 4.4 mostra os seus efeitos sobre a flutuabilidade da hematite e do quartzo. A glicose e a maltose em alta concentração foram depressoras para a hematita, mas não tiveram efeito sobre o quartzo. A concentração elevada era necessária porque a glucose e a maltose são altamente solúveis em água e apenas algumas moléculas podiam interagir com a superfície mineral. Estes resultados indicam que a ação de floculação é mais importante para a ação depressora do amido para o quartzo do que a modificação da superfície (Pavlovic e Brandão, 2003).

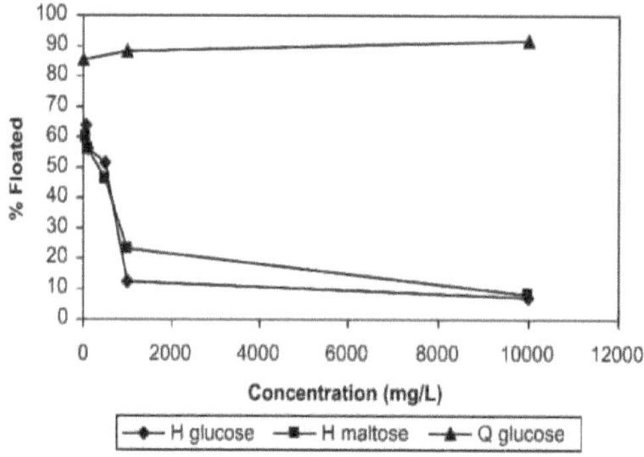

Fig. 4.4. Flutuabilidade da hematite (H) e do quartzo (Q) em função das concentrações do monómero e do dímero depressor.

Um fornecedor de produtos de milho desenvolveu uma espécie de milho geneticamente modificado, o "milho ceroso", que apresenta um teor de amilopectina de 96%, superior à relação amilopectina/amilose de 75/25% do milho amarelo normal. O benefício do uso do amido de milho ceroso não foi observado em escala industrial, e o produto também era bastante caro (Araujo et al., 2005).

A procura de grits de milho pela indústria alimentar de snacks, a um preço muito superior ao que a indústria mineral podia suportar, levou a indústria do milho a oferecer outro produto do segmento alimentar, conhecido localmente como "fuba", que é mais fino que os grits e apresenta um maior teor de óleo. Os grãos de milho são inicialmente degerminados. Os grãos degermados são depois purificados, para remoção do pericarpo ou da casca, e moídos a seco em moinhos de martelos, produzindo fracções de diferentes tamanhos. As fracções mais finas são mais ricas em óleo, uma vez que o gérmen e a porção do endosperma junto ao gérmen são mais macios do que o resto do grão. Por vezes, alguns pequenos fornecedores não encontram mercado para a fração de gérmen e decidem moer o grão de milho inteiro. O resultado é um amido com um teor de óleo muito elevado, que pode ultrapassar os 3%, o que resulta na supressão completa da espuma da operação de flotação (Araujo et al., 2005). Teores de óleo superiores a 1,8% em amidos são um risco para a estabilidade da espuma.

No que respeita à solubilização do amido de milho, existem duas possibilidades: aquecer a suspensão de amido em água a 56 °C ou adicionar NaOH. Devido aos perigos da utilização de água quente num concentrador, como na primeira operação, todas as empresas utilizam, atualmente, a via da soda cáustica. Devido ao elevado custo do NaOH e também às frequentes flutuações de preços, a via térmica merece atenção e pode voltar a ser atractiva. O milho não é a única fonte natural de amido. Em muitas zonas tropicais de países como o Brasil, um vegetal chamado mandioca, aipim ou macaxeira, cresce de forma extensiva e quase selvagem. O custo de produção é inferior ao do milho. A mandioca é a terceira maior fonte de hidratos de carbono alimentares nas regiões tropicais, depois do arroz e do milho. Da mandioca pode ser extraído um amido de primeira classe, com a vantagem de o teor da fração de amido (amilopectina + amilose) ser mais elevado devido ao facto de os teores de proteínas e de óleo serem baixos. <u>O menor teor de óleo e a maior viscosidade da solução gelatinizada do que o amido de milho, são as suas caraterísticas importantes</u>. Ao moer a raiz com a sua pele interior, obtém-se um produto menos puro, a "raspa de mandioca". A ação depressora deste produto mais barato é ainda aceitável. A mandioca atraiu a atenção dos operadores de plantas durante muitos anos, mas os problemas comerciais impediram a sua ampla utilização. Quando o preço da soja e do milho aumenta no mercado internacional, as pessoas deixam de cultivar mandioca para cultivar as espécies anteriores exportáveis (Araujo et al., 2005).

Kar et al. (2013) investigaram as acções depressoras comparativas de quatro tipos diferentes de amidos, nomeadamente amido solúvel, amido de milho, amido de batata e amido de arroz com diferentes caraterísticas como depressores da hematite na flotação catiónica utilizando dodecilamina como coletor. A Tabela 4.1 apresenta as propriedades físico-químicas dos diferentes amidos.

Tabela 4.1. Propriedades físico-químicas de vários amidos.

Espécies de amido	Gama de tamanhos de grânulos	Tamanho médio	Amilose	Amilopectina	M.W.	Humidade	Gordura	Proteína
	(μm)	(μm)	(%)	(%)	(Da)	(%)	(%)	(%)
Arroz (RS)	2-13	5.5	0	-	$8.9 * 10^7$	12	0.4	6.7
Milho(CS)	5-25	14.3	28	70	$2.27 * 10^8$	13	0.8	0.35
Batata (PS)	10-70	36	20	73	$1.9 * 10^5$	19	0.1	0.1
Solúvel (SS	-	-	25	75	Low M.W.	20	-	-

A Fig.4.5 mostra os resultados da flotação da hematite pura e do quartzo e os valores de ferro dos minérios de baixo grau, como o minério de hematite quartzítica em banda (BHQ) (55,54% Fe2o3 e 42,47 sio2) com quatro tipos de amidos.

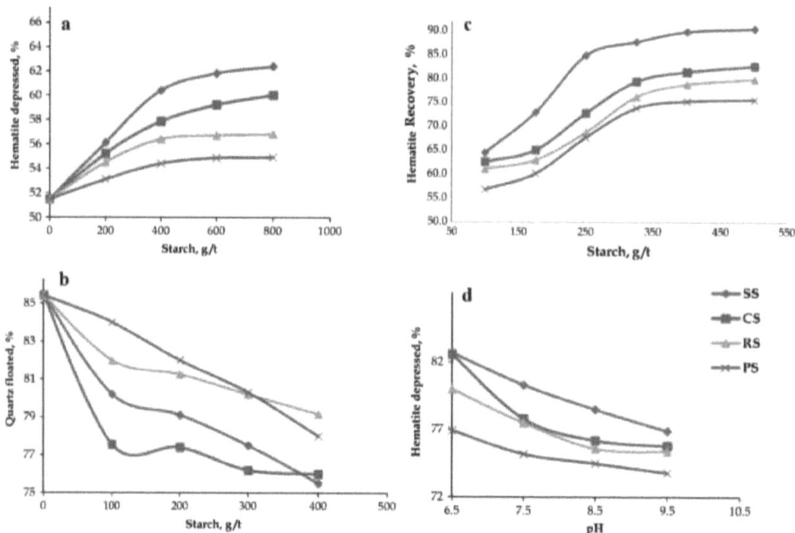

Fig. 4.5. Depressão e flotação da hematite pura (a) e do quartzo (b) e recuperação do Fe obtido da BHQ (c) a diferentes concentrações de amido (pH 7,4, concentração de DDA 48 g/t.) Depressão da hematite (d) a diferentes pH (concentração de DDA 48 g/t, concentração de amido 400 g/t)

Observa-se que, de todos os amidos, o amido solúvel é o que tem um desempenho mais eficaz. Relativamente à variação do pH, a depressão da hematite mantém-se mais ou menos constante. Observa-se que, a uma dosagem constante de DDA, a flutuabilidade do quartzo em relação a todos os amidos diminui com o aumento da concentração de amido, uma vez que o uso excessivo de amido desestabiliza as suspensões minerais. Os resultados dos estudos de flotação com minerais puros de hematite e quartzo e um minério de ferro de baixo grau em diferentes condições sugerem que todos os amidos são bons depressores para a hematite (Kar et al., 2013).

Neste estudo, a adsorção destes amidos na hematite foi efectuada em diferentes valores de pH de 3 a 11, adicionando uma concentração igual de amido (0,1 M). Os resultados dos estudos são ilustrados na Fig. 4.6. A adsorção máxima para todos os quatro amidos com hematite ocorre no valor de pH 5-9. A adsorção do amido de milho e de batata é a máxima, enquanto a do amido solúvel é a mínima. A menor adsorção do amido solúvel pode dever-se à maior dissociação das moléculas de amido em todos os valores de pH, enquanto os outros amidos são comparativamente menos dissociados. Observou-se também durante as experiências que o amido solúvel é facilmente solúvel em água fria, enquanto os outros amidos são solúveis apenas em água quente. Embora o desempenho depressivo da hematite possa ser razoavelmente correlacionado com a quantidade de amido adsorvido, não foi possível observar tal correlação na flotabilidade do quartzo.

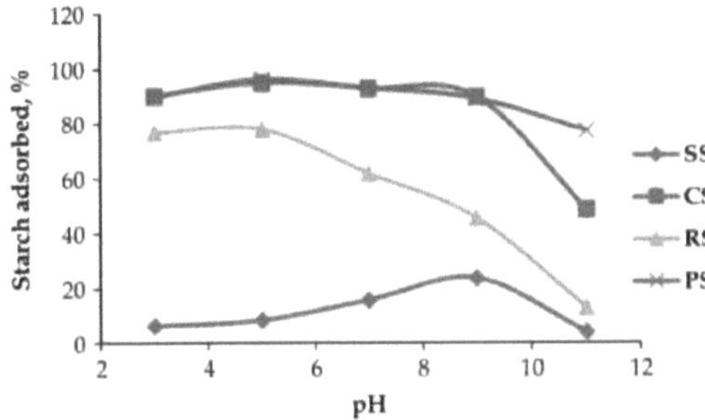

Fig. 4.6. A adsorção de amido solúvel, de batata, de milho e de arroz na hematite a diferentes valores de pH.

O amido é adsorvido na hematite através da formação de um complexo na superfície do mineral (Weissenborg et al., 1995). Khosla et al. (1984) propuseram que o mecanismo de adsorção do amido numa superfície de hematite é uma complexação química. Esta hipótese foi apoiada por Liu e Laskowski (1989) durante os seus estudos de adsorção de dextrina na calcopirite-galenite, bem como nos estudos de adsorção de amido na hematite (Weissenborn et al., 1995) e de adsorção de dextrina na galenite, magnetite e certos minerais de tipo salino (Raju et al., 1997).

Kar et al., (2013) sugeriram que o ponto isoelétrico (IEP) da hematite se situa a pH 6,2. Este ponto sofre uma alteração trivial com a adição de amido solúvel e de arroz. O IEP permanece em 6,0 e 6,1, respetivamente. Devido à adsorção física na amostra de hematite, o valor do IEP muda para pH 7,10 e 6,8 com a adição de amido de milho e de batata, respetivamente.

No entanto, a adsorção devida ao amido solúvel e ao amido de arroz é considerada devida à quimisorção na superfície da hematite.

A atividade depressora do amido sobre a hematite deve-se à interação dos grupos hidroxilo do amido com o grupo OH da superfície da hematite. A seletividade dos átomos de oxigénio depende da polaridade, que depende também da sua solubilidade em água. Assim, a configuração do amido, que afecta a solubilidade, exerce uma ação depressora sobre a hematite. Existem quatro grupos OH nas moléculas de amido. No entanto, em comparação com outros grupos OH, os grupos OH mais próximos do oxigénio heterocíclico existente no amido são mais polarizáveis. O par de electrões solitários dos átomos de oxigénio presentes nos átomos de oxigénio polarizáveis interage com as orbitais d vagas disponíveis nos átomos de Fe do óxido de ferro. Os estudos efectuados por FTIR, potencial zeta e adsorção indicaram uma certa interação entre todas as moléculas de amido e a hematite. Com base nos estudos, a interação amido-hematite é apresentada na Fig. 4.7 (Kar et al., 2013).

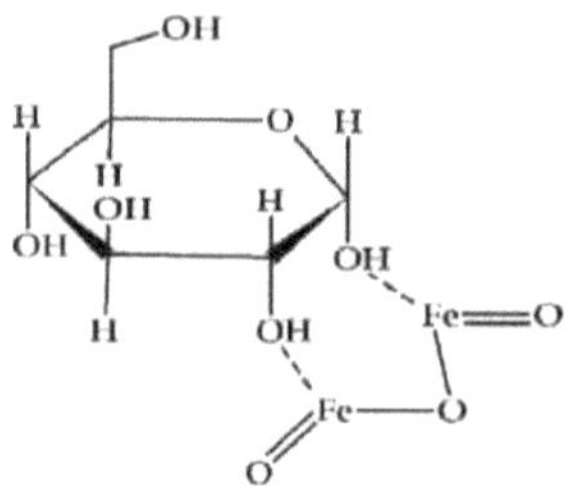

Fig. 4.7. A estrutura da interação hematite-amido

Foram propostas várias hipóteses relativas ao mecanismo de adsorção dos polissacáridos, principalmente ligações de hidrogénio, interações hidrofóbicas, complexação química e interações ácido/base.

Com base no plano basal e no plano de clivagem dos óxidos de ferro, a interação do amido com o óxido de ferro foi proposta por Ravishankar et al. (1995). Somsook et al. (2005) sugeriram a interação entre o ferro e os polissacáridos com base em vários estudos como TG-DTA, FTIR, EPR, NMR e TEM. Indicaram que a adsorção de amido na superfície da hematite se deve à disponibilidade de concentrações mais elevadas de sítios metálicos hidroxilados. Recentemente, Jain et al. (2012) mostraram a interação com base no gráfico de densidade eletrónica que indica a transferência de carga entre o átomo de Fe da hematite e o átomo de oxigénio do amido.

De acordo com Pavlovic e Brandão (2003), <u>a ligação entre a hematite e o amido depende da distância entre os átomos de ferro na superfície da rede da hematite.</u>

Entre os depressores de outras fontes, a carboximetilcelulose (CMC) está globalmente estabelecida como depressor de muitos minerais, como o talco, os silicatos de magnésio, a dolomite e a cromite. Tecnicamente, este reagente foi aprovado como uma alternativa ao amido. Vários programas de testes laboratoriais, com diferentes minérios de ferro do Quadrilátero Ferrífero, já foram realizados com CMCs de grau comercial, com diferentes graus de substituição e diversos pesos moleculares (Araujo et al., 2005). Em geral, todos os CMCs testados deram graus de concentrado de sílica mais baixos do que o amido, mas os graus de Fe dos rejeitos são ligeiramente mais altos para os CMCs que foram testados até agora. A Fig. 4.8 apresenta os resultados dos ensaios de flotação com três tipos diferentes de CMC.

A dosagem de CMCs deve ser pelo menos 5 vezes menor do que a dos amidos para ser competitiva em termos de custo operacional. As dosagens testadas estavam na faixa de 1/10 a 1/5 do amido. Algumas CMCs apresentaram resultados razoavelmente bons mesmo quando utilizadas a 1/10 da dosagem de amido (Araujo et al., 2005).

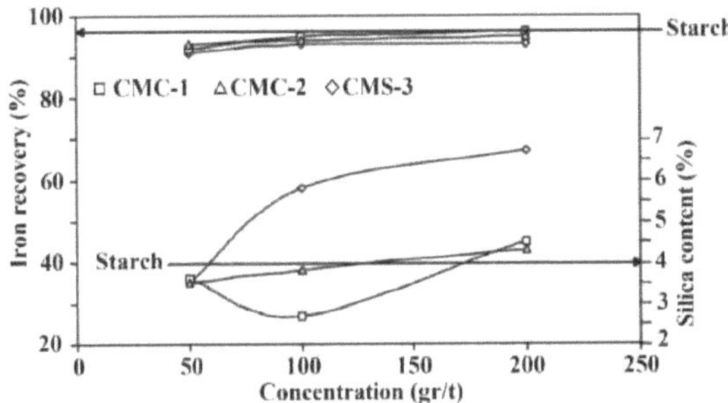

Fig. 4.8. Recuperação de ferro e teor de sílica no concentrado em função da dosagem para três tipos de CMC (1 CMC ligeiramente catiónico; 2 e 3 mistura de CMC aniónicos com diferentes graus de substituição).

A substituição do amido por CMC, que foi avaliada para a flotação catiónica inversa de minério de ferro (Liu et al., 2006), mostrou que apenas dois polímeros (uma carboximetilcelulose e goma de guar) alcançaram o mesmo desempenho que o amido. O desempenho preferível destes reagentes deveu-se à presença do anel de glucopiranose.

Turrer e Peres (2010) avaliaram a aplicação de outros depressores, que são amplamente utilizados em outros sistemas de flotação de minerais. Seis carboximetilceluloses, três lignosulfonatos (depressor de barita), uma goma guar (depressor de argilas) e quatro amostras de ácidos húmicos foram examinados na flotação catiónica inversa. Foi efectuada uma série de testes de flotação que fixam a dosagem de amina e o pH para avaliar o desempenho destes depressores. As dosagens de depressores foram avaliadas em 6, 60, 180, 320 e 600 g/t. As variáveis de resposta foram o teor de sílica no concentrado e a recuperação de ferro. A Fig. 4.9 mostra uma compilação dos resultados dos testes de flotação em laboratório. A maioria dos reagentes não foi selectiva, actuando como depressores de quartzo e aumentando o teor de sílica no concentrado. Apenas dois polímeros (uma carboximetilcelulose (CMC5) e goma guar) alcançaram o mesmo desempenho que o amido, produzindo concentrados com teor de sílica inferior a 2,5%. Além disso, apenas estes depressores permitiram uma recuperação de ferro superior a 40%. Estes depressores foram selecionados para a realização de testes adicionais para examinar a influência do pH. O CMC5 atingiu um nível de recuperação satisfatório apenas a pH = 10,0. No entanto, o CMC5 produziu teores de sílica no concentrado superiores aos obtidos com o amido de goma guar. A goma guar produziu os melhores resultados a pH = 10,5. O resultado foi um teor de sílica no concentrado próximo de 1,0% e uma elevada recuperação de ferro em dosagens inferiores às do amido, 180 g/t. O menor teor de sílica e a maior recuperação de ferro foram obtidos em qualquer pH testado e numa dosagem de amido superior a 320 g/t. O amido é o melhor depressor, mas a goma guar também pode conduzir a resultados satisfatórios.

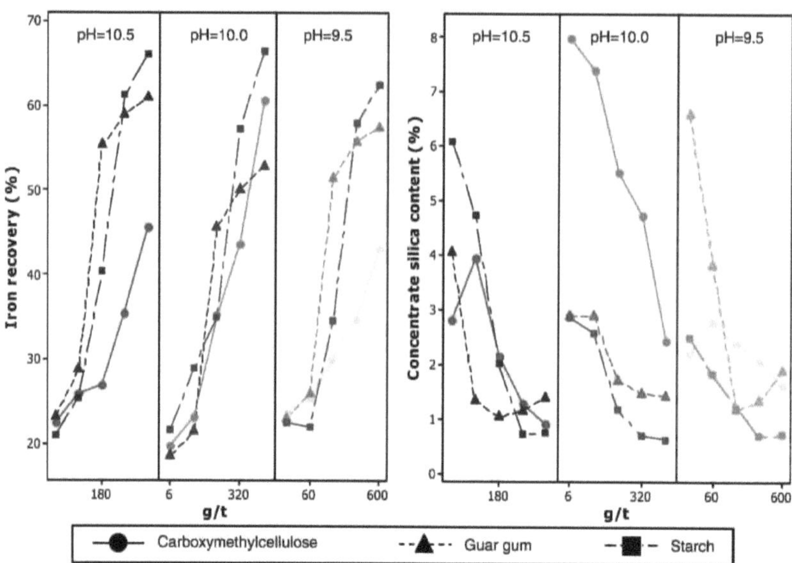

Fig. 4.9. Desempenho de flotação do amido, CMC5 e GG em diferentes gamas de pH

Outra opção que está a ser investigada é a utilização de polímeros sintéticos, utilizados como floculantes, em substituição parcial do amido (Turrer, 2003). As poliacrilamidas aniónicas, catiónicas e não iónicas estão a ser testadas à escala laboratorial. O preço muito mais elevado destes reagentes pode ser neutralizado pelo nível de adição muito menor.

A utilização de ácido húmico em vez de amido para a depressão da hematite foi proposta por Santos e Oliveira (2007). A flotação reversa de misturas contendo minerais simples com 75% de hematite e 25% de quartzo de um depósito no Brasil utilizou dodecilamina como coletor e ácido húmico como depressor dos suportes de hematite, obtendo-se um concentrado contendo 86% de hematite com uma recuperação de 90,7%.

Lima et al. (2013) avaliaram com sucesso os efeitos da faixa de tamanho de partículas (-150 + 45 μm, fração grossa, -45 μm, fração fina e -150 μm, fração global), dosagens de amido e amina, nível de pH, no desempenho da flotação reversa de um minério de ferro, visando um teor de SiO2 no concentrado <1%. Os testes preliminares indicaram que eram necessárias dosagens de amina mais elevadas para a fração grosseira do que para as outras fracções. O termo clatrato foi utilizado para explicar os mecanismos de interação dos reagentes, significando um composto molecular no qual as moléculas de uma espécie ocupam os espaços vazios na rede da outra espécie, resultando na depressão dos minerais hidrofóbicos. A Tabela 4.2 apresenta os resultados dos efeitos da dosagem de amina e do pH (na dosagem de amido 500 g/t) na recuperação de ferro e no teor de SiO2 no concentrado para as três fracções de tamanho. A formação de clatratos entre as moléculas de amina e de amido pode explicar o aumento do teor de SiO2 nos concentrados da fração grosseira (-150 + 45 µm) devido ao aumento da dosagem de amina, fazendo depressão do quartzo. Por outro lado, no caso das frações -150 µm (global) e -45 µm (fina) não foi observado aumento do teor de SiO2 no concentrado. Este efeito foi observado apenas no caso da fração grossa necessitando de maiores dosagens de amina devido à necessidade de se atingir um nível de hidrofobicidade ideal para manter as partículas aderidas à bolha. Oliveira (2006) afirma que é bastante difundido na literatura técnica o conceito de que o consumo rápido e desproporcional de coletor pelas partículas finas, devido à sua maior área superficial específica, provoca uma menor cobertura hidrofóbica na superfície das partículas grossas, diminuindo a flutuabilidade destas partículas. Este conceito foi baseado originalmente nas investigações de Robinson (1975), no sistema quartzo-dodecilamina e Glembotsky (1968), no sistema pirita-xantato. Em ambos os sistemas, foram necessárias dosagens mais elevadas de reagentes para flutuar partículas maiores.

A dosagem de amina 250 g/t SiO2 é sugerida como o valor limite para a interação amina-amido. A análise de amina residual indicou a presença desse reagente no concentrado apenas para a fração grossa na dosagem de 250 g/t SiO2, o que reforça a interação entre amina e moléculas de amido causando a depressão das partículas de quartzo.

O aumento da dose de amido de 500 g/t para 1000 g/t provocou apenas um ligeiro aumento do teor de SiO2 no concentrado. Como proposto por Cleverdon e Somasundaran (1985), para as dosagens de amido de 500 g/t e 1000 g/t, nem todas as moléculas foram adsorvidas na superfície do mineral, o resto estava livre em solução e pronto para interagir com as moléculas de amina. Sugere-se que o aumento da dosagem de amina é mais importante para a formação de clatratos do que o aumento da dosagem de amido.

Tabela 4.2. Efeito da dosagem de amina e do pH (amido 500 e 1000g/t).

Fração (µm)	Amina (g/tSiO$_2$)	pH ∎	SiO2 no concentrado (%) 500 (gr/t)	SiO2 no concentrado (%) 1000 (gr/t)
150 (global)	60	9.5	1.04	1.17
	100	9.5	0.70	0.67
	60	10.7	1.62	1.35
	100	10.7	0.92	1.00
150 + 45 (grosso)	150	9.5	1.18	1.17
	250	9.5	3.81	4.70
	150	10.7	0.77	0.64
	250	10.7	1.16	1.90
45 (fino)	120	9.5	5.73	4.95
	200	9.5	1.33	0.86

| 120 | 10.7 | 2.30 | 2.39 |
| 200 | 10.7 | 0.67 | 0.63 |

Capítulo 5

Conclusão e recomendação

5.1. Conclusão e estudos futuros

A beneficiação de minerais de óxido de ferro por flotação é um processo complicado. O objetivo desta revisão foi mostrar e identificar os efeitos de diferentes condições de operação na flotação de óxido de ferro (catiónico e aniónico). A seleção de um método de flotação adequado depende fortemente das gamas de óxido de ferro que o acompanham. Neste trabalho, foram investigados os tipos e as concentrações de colectores e depressores, o pH, a força iónica e o mecanismo fundamental da interação reagentes-minerais. De acordo com os resultados evidenciados por esta revisão, podem ser feitas as seguintes observações gerais:

•   A flotação máxima da hematite utilizando colectores aniónicos como o oleato de sódio ocorre na região de pH neutro, enquanto a adsorção de oleato na hematite aumenta com a diminuição do pH. Este facto é atribuído à formação de complexos ácido-sabão nesta região de pH e à sua elevada atividade superficial.

•   Embora a flotação aniónica direta tenha sido a primeira via de flotação utilizada na indústria do minério de ferro, a via de flotação mais comum utilizada para a beneficiação de minérios de ferro é a flotação catiónica inversa. A flotação aniónica inversa rejeita o quartzo, activando-o primeiro com a utilização de cal e depois flutuando-o utilizando ácidos gordos como colectores. A investigação confirmou que a flotação catiónica inversa é mais sensível à desmineralização da alimentação da flotação, ao passo que a via aniónica é mais sensível à composição iónica da polpa. Claramente, a flotação do quartzo na flotação catiónica inversa é significativamente mais rápida do que na flotação aniónica inversa. Na flotação aniónica inversa, mesmo após um tempo de flotação prolongado, uma pequena porção de quartzo permanece não flotada.

•   A flotação de silicatos de minérios de ferro é efectuada principalmente utilizando éter monoamina primária ou éter diaminas primárias com cadeias de hidrocarbonetos de 10-16 átomos de carbono, ou misturas de duas éter aminas. O comportamento de flotação de minerais de óxido como a sílica mostrou que o éter diamina tem um poder de recolha mais forte do que o éter monoamina.

•   O amido de milho gelatinizado é frequentemente utilizado como depressor de óxidos de ferro. As moléculas de amido deprimem tanto o óxido de ferro como as partículas de sílica, mas devido ao grande tamanho do radical e à elevada electro negatividade, as aminas são ionizadas na água e reagem com as partículas de sílica, de preferência a um pH ligeiramente alcalino. Vários estudos confirmaram que a carboximetilcelulose (CMC) e a goma de guar alcançaram o mesmo desempenho que os concentrados de amido. O teor de óleo do amido é uma grande preocupação devido à sua ação inibidora da formação de espuma.

• Com base em estudos recentes, a flotação de minérios de ferro com misturas de tensioactivos (combinação de monoaminas com di-aminas e substituição parcial de aminas por óleo combustível) apresentou resultados superiores aos de um único tensioativo, de modo a facilitar a remoção de silicatos (incluindo silicatos com ferro) durante a flotação catiónica inversa.

• Estudos mais recentes sobre a utilização de novos colectores, tais como o tensioativo Gemini (brometo de etano-1,2-bis (dimetil-dodecil-amónio EBAB), M-302 (um novo tensioativo de amónio quaternário que contém ligações éster e caudas de hidrocarbonetos) e líquidos iónicos (IL) à base de amónio quaternário, indicaram que estes são bastante promissores para produzir um concentrado adequado com a flotação catiónica inversa do quartzo em comparação com os colectores convencionais. Os resultados da flotação mostraram que o EBAB apresentou um poder de recolha mais forte do que o surfactante monomérico convencional cloreto de dodecilamónio (DAC) e uma seletividade superior para o quartzo em relação à magnetite. Da mesma forma, os colectores M-302 e IL mostram uma melhor eficiência de recolha em dosagens mais baixas do que os convencionais.

• São ainda necessárias mais investigações, considerando os efeitos do tipo de depressor, os efeitos dos iões dissolvidos, a utilização de colectores mistos, o aumento da força dos colectores através de efeitos sinérgicos de outros colectores e a compreensão dos fenómenos de flotação do óxido de ferro.

Referências

Abdel-Khalek, N.A., Yehia, A., Ibrahim, S.S., 1994. Beneficiação de feldspato egípcio para aplicação nas indústrias do vidro e da cerâmica, Miner. Eng., 7, 1193-1201.

Abdel-Khalek, N.A., Yassin, K.E., Selim, K.A., Rao, K.H., Kandel, A.H., 2012. Efeito do tipo de amido na seletividade da flotação catiónica do minério de ferro. Processamento Mineral e Metalurgia Extractiva 121, 98-102.

Ananthapadmanabhan, K.P., Somasundaran, P., 1988. Formação de sabão ácido em soluções aquosas de oleato. Colloid Interface Sci. 122, 104.

Ananthapadmanabhan, K.P., Somasundaran, P., 1980. Química do oleato e flotação de hematita. In: Yarar B e Spottiswood DJ (eds) Interfacial Phenomena in Mineral Processing, p. 207, Nova Iorque: Engineering Foundation.

Araujo, A.C., Souza, C.C., 1997. Substituição parcial de amina na flotação em coluna reversa de minérios de ferro: 1-Estudos em planta piloto. In: Anais da 70ª Reunião Anual da Secção de Minnesota da SME e 58º Simpósio Anual de Mineração da Universidade de Minnesota, Duluth, Minnesota, 111-122.

Araujo, A.C. Viana, P.R.M., Peres, A.E.C., 2005. Reagentes na flotação de minérios de ferro, Miner. Eng. 18, 219-224.

Atkin, R. Craig, V.S.J., Wanless, E.J. Biggs, S., 2003. Mecanismo de adsorção de surfactantes catiónicos na interface sólido-aquosa, Adv. Colloid Interface Sci. 103, 219-304.

Beklioglu, B., Arol, A.I., 2004. Comportamento de floculação selectiva de cromite e serpentina. Phsiochemical Problems of Mineral Processing 38, 103-112.

Bertuzzi, M.A., Armada, M., Gottifredi, J.C., 2007. Caracterização físico-química de filmes à base de amido. J. Food Eng. 82, 17-25.

Beunen, J.A., Mitchell, D.J., White, L.R., 1978. Tensão superficial mínima em sistemas de surfactantes iónicos. J. Chem. Soc., Faraday Trans. 74, 2501- 2517.

Broome, F.K., Hoerr, C.W., Harwood, H.J., 1951. Os sistemas binários de água com cloreto de dodecilamónio e o seu N-metilderivado. J. Am. Chem. Soc. 73, 33503352.

Bulatovic, S.M., 2007. Handbook of Flotation Reagents: Chemistry, Theory and Practice. Amesterdão: Elsevier, recurso da Internet.

Chatterjee, A., De, A., Gupta, S. S., 1993. Monografia sobre o fabrico de sinterizados na TATA Steel.

Tata Steel, p. 164.

Chen, Z.M., Sasaki, H., Usui, S., 1991. Flotação catiónica de hematite fina utilizando brometo de dodeciltrimetilamónio (DTAB), Metall. Rev. MMIJ 8 (1), 35-45.

Chen, L. Xie, H. Li, Y. Yu, W. 2008. Aplicações do surfactante catiónico Gemini na preparação de nanofluidos com nanotubos de carbono de paredes múltiplas, Colloids Surf. A 330 (23), 176-179.

Cleverdon, J., Somasundaran, P., 1985. Um estudo da interação polímero/surfactante na interface mineral/solução.Miner.Metall. Process. 2, 231.

Crabtree, E.H., Vincent, J. D., 1962. Historical outline of major flotation developments. in froth flotation. 50th Anniversary, Ed. D.W. Fuerstenau. New York: American Institute of Mining, Metallurgical and Petroleum Engineering Inc.

Cristoveanu, I.E., Meech, J.A., 1985. Flotação de hematita. CIM Bull. 78, 3542.

Darling, P., 2011. Manual de Engenharia Mineira da PME. Terceira edição, *SME*

David, D., Larson, M., Li, M., 2011. Otimização da conceção do circuito de magnetite da Austrália Ocidental. Actas do Projeto de Instalações Metalúrgicas e Estratégias Operacionais, Perth. De Castro, F.H.B., Borrego, A.G., 1995. Modificação da tensão superficial em soluções aquosas de oleato de sódio em função da temperatura e do pH no banho de flotação. J. Colloid Interface Sci. 173, 8-15

Devinsky, F. Lacko, I. Bittererova, F. Tomec[v] kova, L., 1986. Relação entre estrutura, atividade de superfície e formação de micelas de alguns novos isósteres bisquaternários de dibrometos de 1,5-pentanodiamónio, J. Colloid Interface Sci. 114, 314-322.

Dogu, I., Arol, A.I., 2004. Separação de minerais de cor escura do feldspato por floculação selectiva utilizando amido. Powder Technol. 139, 258-263.

Ferreiraa, A.R., Nevesa, L.A., Ribeiroc, J.C., Lopesc, F.M., Coutinhob, J.A.P., Coelhosoa, I.M., Crespoa, J.G., 2014. Remoção de tióis de fluxos modelo de jet-fuel assistida por extração por membrana de líquido iónico, Chem. Eng. J. 256, 144-154.

Filippov, L.O., Filippova, I.V., Severov, V.V., 2010. A utilização de uma mistura de colectores na flotação catiónica inversa de minério de magnetite: o papel dos silicatos que contêm Fe, Miner. Eng. 23, 91-98.

Filippov, L.O., Severov, V.V., Filippova, I.V., 2014. Uma visão geral do beneficiamento de minérios de ferro via flotação catiônica reversa, International Journal of Mineral Processing 127, 62-69.

Fuerstenau, D.W., Gaudin, A.M., Miaw, H.L., 1958. Revestimentos de limo de óxido de ferro na flotação. Trans. AIME. 211, 792-795.

Fuerstenau, D. W., Healy, T. W., Somasundaran, P., 1964. O papel da cadeia de hidrocarbonetos dos colectores de alquilo na flotação. Transacções da SME-AIME, 229, 321-325.

Fuerstenau, D.W., Pradip, 1984. Flotação de minerais com colectores de hidroxamato. In: Jones, M.J., Oblatt, R. (Eds.), Reagent in the Mineral Industry. The Institution of Mining and Metallurgy, GB, 161-168.

Fuerstenau, M.C., Martin, C.C., Bhappu, R.B., 1963. O papel da hidrólise na flotação de sulfonato de quartzo. Trans. AIME 226:449.

Fuerstenau, M.C., e D.A. Elgillani. 1966. Ativação do cálcio na flotação de quartzo com sulfonato e oleato. Trans. AIME 235, 405.

Fuerstenau, M.C., Cummins, W.F., 1967. Papel dos complexos aquosos básicos na flotação aniónica do quartzo. Trans. AIME 238,196.

Fuerstenau, M.C., Harper, R.W., Miller, J.D., 1970. Hidroxamato vs. flotação de óxido de ferro por ácidos gordos. Trans. AIME 247, 69-73.

Fuerstenau, M.C., Palmer, R.B., 1976. Flotação aniónica de óxidos e silicatos, Flotação- AM Gaudin Memorial Volume, 148-196.

Fuerstenau, M.C., Jameson, J., Yoon, R., 2007. Flotação de espuma: Um século de inovação. *SME*.

Gaieda, M.E., Gallalab, W., 2015. Beneficiamento de minério de feldspato para aplicação na indústria cerâmica: Influência da composição nas caraterísticas físicas, Arabian Journal of Chemistry, 8(2), 186-190.

Glembotsky, V.A., 1968. Investigação do condicionamento separado de areias e lamas com reagentes antes da flotação conjunta. In: Proc. Congresso Internacional de Processamento Mineral, 8, Documento S-16, Leningrado.

Goracci, L., Germani, R., Rathman, J.F., Savelli, G., 2007. Comportamento anómalo de surfactantes de óxido de amina na interface ar/água. Langmuir 23, 10525-10532.

Gupta, A., Yan, D., 2006. Projeto e operação de processamento de minerais: An introduction. Elsevier Science Ltd., Amesterdão.

Hai-pu, L., Sha-sha, Z., Hao, J., Bin, L., 2010. Efeito de amidos modificados na depressão do diásporo. Transação da Sociedade de Metalurgia de Não Ferrosos da China 20, 1494 - 1499. Han, K.N., Healy, T.W., Fuerstenau, D.W., 1973. O mecanismo de adsorção de ácidos gordos e outros surfactantes na interface óxido-água. J. Colloid Interface Sci. 44, 407414.

Hogg, R., 1999. Adsorção e floculação de polímeros. Em: Laskowski, J.S. (Ed.), Polymers in

Minerals Processing. Montreal, pp. 3-17.

Houot, R., 1983. Beneficiamento de minério de ferro por flotação; revisão de aplicações industriais e potenciais. Int. J. Miner. Process. 10, 183-204.

Huang, Z.Q. Zhong, H. Wang, S. Xia, L.Y., Zhao, G., Liu, G.Y., 2014. Surfactante Gemini trisiloxano: síntese e flotação de minerais de aluminossilicato, Miner. Eng. 56, 145-154.

Huang, Z.Q., Zhong, H., Wang, S., Xia, L.Y., Zhao, G., Liu, G.Y., 2014. Investigações sobre a flotação catiónica inversa do minério de ferro utilizando um surfactante Gemini: Ethane-1, 2-bis (brometo de dimetil-dodecil-amónio), Chemical Engineering Journal 257, 218-228 Iwasaki, I., Lai, R.W., 1965. Amidos e produtos de amido como depressores na flotação de sabão de sílica activada a partir de minérios de ferro. Trans. Am. Inst. Min. Metall. Pet. Eng. 232, 364-371

Iwasaki, I., 1983. Flotação de minério de ferro, teoria e prática. Min. Eng. 35, 622-631.

lwasaki, I., 1989. Aproximando teoria e prática na flotação de minério de ferro. Página 177 em Advances in Coal and Mineral Processing Using Flotation. Editado por S. Chander e R.R. Klimpel. Littleton, CO: SME.

lwasaki, I., 1999. Flotação de minério de ferro: Perspetiva histórica e perspectivas futuras. Actas do Simpósio, Advances in Flotation Technology, Reunião Anual da SME, Denver, CO, 1-3 de março, p. 231.

Jain, V., Rai, B., Waghmare, U.V., Pradip, 2012. Seleção baseada em modelação molecular e conceção de reagentes selectivos para a beneficiação de lamas de minério de ferro ricas em alumina. In: Actas do XXVI Congresso Internacional de Processamento Mineral, Nova Deli, Índia, 2258-2269.

Jung, R.F., James, R.O., Healy, T.W., 1988. Um modelo de equilíbrio múltiplo da adsorção de espécies aquosas de oleato na interface água goethita. Colloid Interface Sci. 122, 544.

Kar B., Sahoo, H., Rath S., Das, B., 2013. Investigações sobre diferentes amidos como depressores para a flotação de minério de ferro, Minerals Engineering 49, 1-6

Khosla, N.K., Bhagat, R.P., Gandhi, K.S., Biswas, A.K., 1984. Calorimetria e outros estudos de interação em sistemas de adsorção de amido mineral. Colloids Surf. 8, 321-336.

Kulkarni, R.D., Somasundaran, P., 1975. Cinética da adsorção de oleato na interface líquido/ar e seu papel na flotação de hematita. In: Somasundaran, P., Grieves, R.B. (Eds.), Advances in Interfacial Phenomena of Particulate/Solution/Gas Systems: Applications to Flotation Research. AIChE, EUA, pp. 124-133.

Kulkarni, R.D., Somasundaran, P., 1980. Química da flotação do sistema hematite/oleato. Colloids Surf. 1, 387-405.

Laskowski, J.S., Vurdela, R.M., Liu, Q., 1988. A química coloidal da flotação de colectores de electrólitos fracos. Actas do XVI Congresso Internacional de Processamento Mineral, p. 703

Lia, J., Zhoua, Y., Maoa, D., Chena, G., Wanga, X., Yanga, X., Wang, M., Peng, L., Wang, J., 2014. Catalisador de copolímero mesoporoso funcionalizado com líquido iónico à base de heteropoliânion para benzilação de Friedel-Crafts de arenes com álcool benzílico, Chem. Eng. J. 254, 54-62.

Lima, N.P., Valadão, G.E.S., Peres, A.E.C., 2013. Efeito das dosagens de amina e amido na flotação catiônica reversa de um minério de ferro. Miner. Eng. 45, 180-184.

Liu Wen-gang, Wei De-zhou, Cui Bao-yu, 2011. Desempenho de recolha de N- dodeciletilenodiamina e seu mecanismo de adsorção na superfície mineral, Trans. Nonferrous Met. Soc. China 21, 1155-1160.

Liu Wen-gang, Weidezhou, Wang Benying, Fang Ping, Wang Xiaohui, Cui Baoyu, 2009. Um novo coletor utilizado para a flotação de minerais de óxido. Trans. Nonferrous Met. Soc. China 19, 1326-1330.

Liu, Q., Laskowski, J.S., 1989. O papel dos hidróxidos metálicos nas superfícies minerais na adsorção de dextrina. II: separações de calcopirite-galena na presença de dextrina. Int. J. Miner. Process. 27, 147-155.

Liu, Q., Wannas, D., Peng, Y., 2006. Explorando as funções duplas dos depressores de polímeros na flotação de partículas finas. Jornal Internacional de Processamento Mineral 80, 244-254.

Liu-yin, X., Zhong, H., Guang-yi, L., Shuai, W., 2009. Utilização de amido solúvel como um depressor para a flotação reversa de diásporo de caulinita. Engenharia de Minerais 22 (6), 560-565.

Liu-yin, X., Zhong, H., Guangyi, 2010. Técnicas de flotação para a separação do diásporo da bauxite utilizando o coletor Gemini e o depressor de amido. Transacções da Sociedade de Metais Não Ferrosos da China 20, 495-501.

Ma, X., Marques,M., Gontijo, C., 2011. Estudos comparativos da flotação catiónica/aniónica inversa do minério de ferro da Vale. Int. J. Miner. Process. 100 (1-2), 179-183.

Ma, X., 2008. Papel da energia de solvatação na adsorção de amido em superfícies de óxido. Colloids Surf, 320, 36-42.

Ma, M. 2012. Flotação de espuma de minérios de ferro, Jornal Internacional de Engenharia de Minas e Processamento Mineral; 1(2): 56-61.

Ma, X., Marques,M., Gontijo, C., 2011. Estudos comparativos da flotação catiónica/aniónica inversa do minério de ferro da Vale. Int. J. Miner. Process. 100 (1 -2), 179-183.

Marinakis, K.I. e Shergold, H.L., 1985. Influência da adição de silicato de sódio na adsorção de ácido oleico por fluorite, calcite e barite. Int. J. Miner. Process. 14:177193.

Ma, X., Davey, K., Giyose, A., Malysiak, V., 2009. Melhoria das lamas de minério de ferro de Sishen por flotação catiónica inversa. Instituto Australasiano de Minas e Metalurgia, Perth.

Ma, X., Bruckard, W.J., Holmes, R., 2009. Efeito do coletor, pH e força iónica na flotação catiónica da caulinite. Jornal Internacional de Processamento Mineral 93, 5458.

Ma, X., 2010. Papel dos catiões metálicos hidrolisáveis nas interações amido-kaolinite. Jornal Internacional de Processamento Mineral 97, 100-103.

Ma, X., 2011a. Melhoria da floculação de hematite no sistema hematite-amido (baixo peso molecular) poli (ácido acrílico). Pesquisa em Química Industrial e de Engenharia 50, 11950-11953.

Ma, X., 2011b. Efeito de um ácido poliacrílico de baixo peso molecular na coagulação de partículas de caulinite. Jornal Internacional de Processamento Mineral 99, 17-20.

Meech, J.A., 1981. Viabilidade da recuperação de ferro do material de rejeitos de Mount Wright. CIM Bull. 74, 115-119.

Menger, F.M., Littau, C.A., 1991. Gemini surfactants: synthesis and properties, J. Am. Chem. Soc. 113 (1991) 1451-1452.

Montes-Sotomayor, S., Houot, R., Kongolo, M., 1998. Flotação de minérios de ferro de ganga silicatados: mecanismo e efeito do amido. Engenharia de Minerais 11 (1), 71-76.

Morgan, L.J. 1986. Adsorção de oleato em hematita: Problemas e métodos. Int. J. Miner. Process. 18:139

Mowla, D., Karimi, G., Ostadnezhad, K., 2008. Remoção de hematite de minério de areia de sílica por técnica de flotação inversa. Separation and Purification Technology 58, 419423.

Napier-Munn, T., Wills, B.A., 2006. Wills' mineral processing technology, Seventh Edition: An introduction to the practical aspects of ore treatment and mineral recovery. Butterworth-Heinemann, Nova Iorque.

Neves, C.M.S.S., Lemusb, J., Freirea, M.G., Palomarb, J., Coutinhoa, J.A.P., 2014. Aumento da adsorção de líquidos iónicos em carvão ativado pela adição de sais inorgânicos, Chem. Eng. J. 252, 305-310.

Norman, H., 1986. Sulphonate type flotation reagents, In (D. Malhotra and W. Friggs Eds.) Chemical Reagents in the Mineral Processing Industry, SME Inc, Littleton, Colorado.

Nummela, W., Iwasaki, I., 1986. Flotação de minério de ferro. In: Somasundaran, P. (Ed.), Advances in Mineral Processing: A Half-century of Progress in Application of Theory to Practice. SME, Littleton, pp. 308-342.

Oliveira, J.F., 2006. Setor mineral: Tendências tecnológicas. Centro de Tecnologia Mineral - CETEM.

Palmer, B.R., Fuerstenau, M.C., Apian, F.F., 1975. Mecanismos envolvidos na flotação de óxidos e silicatos com colectores aniónicos: Parte 2. Trans AIME, 258:261.

Papini, R.M., Brandao, P.R.G., Peres, A.E.C., 2001. Flotação catiónica de minérios de ferro: caraterização e desempenho das aminas, Miner. Metall. Process. 17 (2), 1-5.

Pavlovic, S., Brandão, P.R.G., 2003. Adsorção de amido, amilose, amilopectina e monómero de glucose e seu efeito na flotação de hematite e quartzo. Engenharia de Minerais 16 (11), 1117-1122.

Peck, A.S., Raby, L.H., Wadsworth, M.E., 1966. Um estudo de infravermelhos da flotação de hematite com ácido oleico e oleato de sódio. Trans. AIME 238:301.

Pereira, S.R.N., 2003. O uso de óleos não-polares na flotação catiônica reversa de um minério de ferro. Projeto de dissertação de mestrado, CPGEM-UFMG, p. 253.

Peres, A.E.C., Correa, M.I., 1996. Depressão de óxidos de ferro com amidos de milho. Engenharia de Minerais 9 (12), 1227-1234.

Pinto, C.A.F., Yarar, B., Araujo, A.C., 1991. Apatite flotation kinetics with conventional and new collectors, Preprint 91-80, SME Annual Meeting, Denver, Colorado, February 25-28.

Pope, M.I., Sutton, D., 1973. Correlação entre a resposta da flotação de espuma e a adsorção de colectores a partir de uma solução aquosa. I. Dióxido de titânio e óxido férrico condicionados em soluções de oleato. Powder Technol. 7, 271.

Pradip, 2006. Processamento de minério de ferro indiano rico em alumina. Jornal Internacional de Engenharia de Minerais, Metais e Materiais 59 (5), 551 -568.

Pindred, A., Meech, J.A., 1984. Fenómenos interparticulares na flotação de finos de hematite. Int. J. Miner. Process. 12, 193-212.

Pradip, Ravishankar, S.A., Sankar, T.A.P., Khosla, N.K., 1993. Estudos de beneficiação de lamas de minério de ferro indiano ricas em alumina utilizando dispersantes selectivos, floculantes e colectores de flotação. Actas do XVIII Congresso Internacional de Processamento de Minerais. No Instituto Australasiano de Minas e Metalurgia, Melbourne, 1289-1294.

Raghavan, S., Fuerstenau, D.W., 1975. A adsorção de octylhydroxamte aquoso em óxido férrico. J. Colloid Interface Sci. 50, 319-330.

Raju, G.B., Holmgren, A., Forsling, W., 1997. Adsorção de dextrina na interface mineral/água. J. Colloid Interface Sci. 193, 215-222.

Rao, S., 2004. Química de superfície da flotação de espuma. Segunda edição. Nova Iorque: Kluwer Academic/Plenum Publishers.

Ravishankar, S.A., Pradip, Khosla, N.K., 1995. Floculação selectiva de óxido de ferro a partir das suas misturas sintéticas com argilas: uma comparação do ácido pliacrílico e dos seus polímeros de amido. International Journal of Mineral Processing 43, 235-247.

Robinson, A.J., 1975. Relação entre o tamanho das partículas e a concentração do coletor. Transactions of the Institution of Mining and Metallurgy 69, 45-62.

Sahoo, H., Sinha, N., Rath, S., Das B., 2015. Líquidos iónicos como novos colectores de quartzo: Insights from experiments and theory, Chemical Engineering Journal 273, 46-54.

Santos, I.D., Oliveira, J.F., 2007. Utilização de ácido húmico como depressor de hematita na flotação reversa de minério de ferro. Miner. Eng. 20, 1003-1007.

Schulz, N.F., Cooke, S.R.B., 1953. Flotação em espuma de minérios de ferro: adsorção de produtos de amido e acetato de laurilamina. Industrial and Engineering Chemistry 45, 2767-2772. Shen, H., Huang, X., 2005. Uma análise do desenvolvimento do processamento de minério de ferro de 2000 a 2004. Min. Met. Eng. 25, 26-30 (em chinês).

Smith, R.W. Haddenham, R. Schroeder, C., 1973 Amphoteric surfactants as flotation collectors, Trans. AIME 254, 231-235.

Somsook, E., Hinsin, D., Buakhrong, P., Teanchai, R., Mophan, N., Pohmakotor, M., Somasundaran, P., 1969. Adsorção de amido e oleato e interação entre eles em calcite em soluções aquosas. Journal of Colloid and Interface Science 31 (4), 557565.

Somasundaran, P. Fuerstenau, D.W. 1966. Mecanismos de adsorção de sulfonato de alquilo na interface alumina-água, J. Phys. Chem. 70, 90-96.

Somasundaran, P., Ananthapadmanabhan, K.P., 1979. Química da solução de surfactantes e o seu papel na adsorção e flotação de espuma em sistemas de água mineral. Proceedings, Solution Chemistry Surfactants, 52th Colloid and Surface Science Symposium, p. 777.

Ping, S., 2002. Prática de transformação para melhoria do ferro e redução do silício no concentrador GongChangLing da Anshan Steel Company (em chinês). Metal Mine 2, 41-44.

Svoboda, J., 1987. Métodos magnéticos para o tratamento de minerais. In: Fuerstenau, D.W. (Ed.), Developments in Mineral Processing, vol. 8. Elsevier, Amesterdão, Países Baixos, p. 712

Svoboda, J., 2001. Uma descrição realista do processo de separação magnética de alto gradiente.

Mineiro. Eng. 14 (11), 1493-1503.

Theander, K., Pugh, R.J., 2001. A influência do pH e da temperatura no equilíbrio e na tensão superficial dinâmica de soluções aquosas de oleato de sódio. J. Colloid Interface Sci. 239, 209-216.

Thella, J.S., Mukherjee, A.K., Srikakulapu, N.G., 2012. Processamento de lamas de minério de ferro de alta alumina usando classificação e flotação, Powder Technol. 217, 418- 426.

Turrer, H.D.G., 2003. Estudo da utilização de floculantes sintéticos na flotação catiônica reversa de um minério de ferro. Projeto de dissertação de mestrado, CPGEM-UFMG, p. 44.

Turrer, H.D.G., Peres, A.E.C., 2010. Investigação sobre depressores alternativos para flotação de minério de ferro. Miner. Eng. 23, 1066-1069.

Usui, S., 1972. Heterocoagulação. In: Danielli, J.F., Rosenberg, M.D., Cadenhead, D.A. (Eds.), Progress in Surface and Membrane Science, Volume 5. Academic Press, Nova Iorque, 223-266.

Uwadiale, G.G.O.O., 1992. Flotação de óxidos de ferro e quartzo; Uma revisão. Miner.

Processo. Extr. Metall. Rev. 11, 129

Viana, P.R.M., Souza, H.S., 1988. O uso de grits de milho como depressor na flotação de quartzo em minério de hematita. In: Castro, S.H.F., Alvarez, J.M. (Eds.), Proceedings of the 2nd Latin-American Congress on Froth Flotation, 1985, Developments in Mineral Processing 9. 233-244.

Vidyadhar, A., Hanumantha Rao, K., Chernyshova, I.V., Pradip, Forssberg, K.S.E., 2002, Mechanisms of amine-quartz interaction in the absence and presence of alcohols studied by spectroscopic methods. Journal of Colloid and Interface Science 256, 59-72. Vidyadhar, A., Kumari, N., Bhagat, R.P., 2012. Mecanismo de adsorção de sistemas de colectores mistos na flotação de hematite. Minerals Engineering 26, 102-104.

Vieira, A.M., Peres, A.E.C., 2007. O efeito do tipo de amina, pH e faixa de tamanho na flotação do quartzo. Miner. Eng. 20, 1008-1013.

Wang, C.J., Jiang, X.H., Zhou, L.M., Xia, G.Q., Chen, Z.J., Duan, M., Jiang, X.M., 2013. A preparação de organo-bentonite por um novo Gemini e seus surfactantes monómeros e a aplicação na remoção de MO: um estudo comparativo, Chem. Eng. J. 219, 469-477.

Wang, H., 2003. Melhoria da flotação e da filtrabilidade do lodo fino de carvão por floculação selectiva. Journal of Mining Science 39 (4), 410-414.

Wang, Y.H., Ren, J.W., 2005. A flotação de quartzo a partir de minerais de ferro com um sal de amónio quaternário combinado. Int. J. Miner. Process. 77, 116-122.

Wei, J., Huang, G.H., Yu, H. An, C.J., 2011. Eficiência de micelas Gemini/ convencionais simples e mistas na solubilização de fenantreno, Chem. Eng. J. 168, 201 -207. Weissenborn, P.K., Warren, L.J., Dunn, J.G., 1995. Floculação selectiva de minério de ferro ultrafino. 1. Mecanismo de adsorção de amido em hematite. Colloids Surf. A Physicochem. Eng. Asp. 99, 11-27.

Weng, X.Q., Mei, G.J., Zhao, T.T., Zhu, Y., 2013. Utilização de novo surfactante de amônio quaternário contendo éster como coletor catiônico para flotação de minério de ferro, Sep. Purif. Technol. 103, 187-194.

Xue, G.H., Gao, M.L., Gu, Z., Luo, Z.X., Hu Z.C., 2013. A remoção de p-nitrofenol de soluções aquosas por adsorção usando surfactantes Gemini modificados montmorillonites. Chem. Eng. J. 218, 223-231.

Yap, S.N., Mishra, R.K., Raghavan, S., Fuerstenau, D.W., 1981. The Adsorption of Oleate from Aqueous Solution on to Hematite. Em Adsorption from Aqueous Solution, Plenum Press, Nova Iorque, p. 119.

Yousfi, M., Livi, S., Duchet-Rumeau, J., 2014. Líquidos iónicos: uma nova via para a compatibilização de misturas termoplásticas, Chem. Eng. J. 255, 513-524.

Yuhua, W., Jianwei, R., 2005. A flotação de quartzo a partir de minerais de ferro com um sal de amónio quaternário combinado. Int. J. Miner. Process. 77, 116-122.

Zana, R., 2002. Tensioactivos alcanodiil-alfa, ómega-bis (brometo de dimetilalquilamónio): II. Temperatura de Krafft e temperatura de fusão, J. Colloid Interface Sci. 252, 259-261.

Zhang, G., Li, W., Bai, X., 2006. Um estudo da prática na fábrica de processamento de minerais Diaojuntai. Met. Min. 357, 37-41 (em chinês).

Zeng, W., Dahe, X., 2003. A mais recente aplicação do anel vertical SLon e do separador magnético de alto gradiente pulsante. Miner. Eng. 16, 563-565.

I want morebooks!

Buy your books fast and straightforward online - at one of world's fastest growing online book stores! Environmentally sound due to Print-on-Demand technologies.

Buy your books online at
www.morebooks.shop

Compre os seus livros mais rápido e diretamente na internet, em uma das livrarias on-line com o maior crescimento no mundo! Produção que protege o meio ambiente através das tecnologias de impressão sob demanda.

Compre os seus livros on-line em
www.morebooks.shop

Printed by Books on Demand GmbH, Norderstedt / Germany